수학 공부법

도야마 히라쿠 지음 | **박미정** 옮김

머리말

많은 사람이 현재의 교육 방식을 우려하고 있다.

이제 학교는 아이들이 자유롭게 배우고 노는 장소가 아니다. 아이들은 학교에서 매일같이 시험을 치르고, 경쟁한다. 경쟁에서 진 아이는 평생 출세하기 힘든 사회 구조가 형성되고 있다.

모든 아이를 똑똑하게 가르치려고 세운 학교가 어느새 아이들을 우등생과 열등생으로 나누고 서열화하는 시설로 탈바꿈해버렸다.

학교 수업을 따라가지 못하면 가차 없이 낙제시키겠다고 대놓고 말하는 학교마저 있다고 한다.

아이들이 진정한 의미에서 똑똑해지려면 오랜 시간이 필요하다. 인간의 아이는 다른 동물에 비해 어엿한 한 인간으로 독립하기까지 이상하리만치 긴 시간이 필요하다.

'빨리빨리' 하라고 아이들을 몰아세우면 진정한 의미의 성장을 기대할 수 없다. 언뜻 빨리 성장한 것처럼 보여도, 중요한 것을 놓치고 있는 경우도 많다.

수많은 교과 중에서도 아이들을 차별하고 선별하는 수단으로 가장 많이 이용되는 과목이 수학이다. 심지어 수학 실력이 머리가 좋은지를 가늠하는 기준이라는 편견이 널리 퍼져 있다. 수학 교육을 연구하는 사람으로서 매우 안타까운 일이다.

수학은 물론, 수학의 출발점이라 할 수 있는 초등학교 산수도 마찬가지다. 산수는 결코 두뇌를 판단하는 기준이 아니다. 가르치는 방법만 적절하면 모든 아이가 이해할 수 있는 과목이다.

원래 수학은 단순한 학문이다. 요점만 확실히 가르치면 누구든 이해할 수 있도록 만들어져 있다. 심지어 요점이라 할 것도 그리 많지 않다. 초등학교 1학년 때는 고작 두세 개 정도다. 물론 몇 개 되지 않는 요점이라도 시간을 들여서 철저하게 가르치면, 나중에 나오는 자잘한 개념을 닥치는 대로 주입할 필요가 없다.

이 책은 수학의 몇 되지 않는 요점을 선별하여 충분히 이해할 수 있도록 자세히 설명하였다.

현재의 교육 방식에서는 아이들에게 빨리 정답을 말하라며 들볶는다. 아이들은 간신히 까치발로 견디고 서 있다가 결국 수학에서 도망쳐 버린다. 하지만 사실 아이들을 괴롭힐 필요가 전혀 없다. 천천히 걸어도 절대 늦지 않다.

학년이 올라가면 올라갈수록 산수나 수학을 싫어하는 아이들이 많아진다.

하지만 원래 산수는 어린아이들에게 인기 있는 과목이다.

이유는 두 가지다.

첫째, 다른 사람의 도움을 빌리지 않고 오직 자기 힘으로 문제를 풀 수 있기 때문이다. 따라서 수학 문제를 해결했을 때 다른 교과와는 다른 만족감을 맛볼 수 있다.

둘째, 수학은 공평한 과목이다. 공부를 잘 못하는 아이라도, 노력하면 만점을 받을 수 있고, 우등생이라도 자칫 방심하여 영점을 받을 수도 있다. 그래도 불평할 수가 없다. 바로 이것이 수학만이 지니는 통쾌함이다.

학교에 이제 막 들어간 아이들은 대체로 산수를 좋아하지만 학년이 올라갈수록 싫어하는 아이가 늘어난다. 중간에 개념이 잘 이해되지 않기 때문이다.

이때 아이들의 발목을 잡는 원인은 크게 세 가지로 나눌 수 있다.

(1) 아이

(2) 교사

(3) 교과서

만약 일본의 모든 아이들이 같은 부분에서 걸려 넘어진다면, 아이나 교사의 책임이 아니라 교과서, 혹은 그 배후에 있는 학습 지도 요령의 책임이라고 해야 한다.

사실 오늘날 일본의 아이들이 산수나 수학 때문에 고민하는 데는 대부분 교과서에 책임이 있다. 아니 더 구체적으로 말하자면 책임은 문제 출제 회사가 만드는 시험에 있다고 해야 할지도 모르겠다.

시험은 교사가 자신이 가르친 내용을 학생들이 얼마나 이해했는지 확인하고 시험 결과에 근거하여 이후 수업 계획을 짜거나, 학생들 스스로 얼마나 이해했는지 알기 위한 것이라면 의미가 있다. 그런 목적을 달성하기 위해서라면 시험은 적어도 교사가 아이들의 얼굴을 하나하나 떠올리며 '손수 문제를 내는 시험'이어야 한다. 그러나 지금 일본 전국의 학교 대부분은 문제 출제 회사에서 제공한 인쇄지로 시험을 치른다. 이 시험으로는 아이들 한 명 한 명이 얼마나 내용을 이해했는지 자세히 알 수 없다.

심지어 문제 출제 회사가 만든 시험 문제를 보면 미심쩍은 부분이 많다. 그러니 맞았다 해서 기뻐하고 틀렸다 해서 실망할 필요가 없다. 이 책은 그러한 사실을 염두에 두고 썼다.

이 책은 수학이라는 학문의 토대라 할 만한 개념을 매우 공들여 자세히 설명했다. 그러니 수학을 잘하는 사람에게는 지루할지도 모른다.

하지만 토대란 원래 땅 속 깊이 숨어 있는 것이다. 그 토대를 들춰내어 새로운 빛을 비추면 생각지도 못했던 사실을 깨닫기도 하는 법이다. 그러니 수학이라면 문제없다고 생각하는 사람이 이 책을 통해 새로운 깨달음을 얻을 수 있을지 누가 알겠는가? 아니, 부디 그렇게 되기를 바랄 따름이다.

1972년 4월

도야마 히라쿠遠山啓

목차

일러두기

1. 이 책은 국립국어원 외래어 표기법에 따라 일본어를 표기하였다.

2. 중요한 인명, 지명은 용어 옆에 영자 및 한자를 병기하였다.
   *인명
   예) 후지사와 리키타로藤沢利喜太郎, 라이프니츠Gottfried Wilhelm von Leibniz
   *지명
   예) 도쿄東京, 요코하마橫浜

3. 어려운 용어는 독자의 이해를 돕기 위해 주석을 달았다. 역자 주, 편집자 주 외
   의 것은 저자의 주석이다.
   *용어
   예) 측정의 4단계(직접비교, 간접비교, 임의단위, 보편단위에 의한 측정을 측정의 4단계라고 한다-
      역자 주)
      페스탈로치Pestalozzi(18세기 스위스의 사상가이자 교육개혁가-편집자 주)

4. 서적 제목은 겹낫표(『』)로 표시하였으며, 그 외 강조, 정의, 명제 등은 따옴표를
   사용하였다.
   *서적 제목
   예) 『일본 교과서 대계日本教科書大系』, 『심상 소학 산술尋常小学算術』

서장

답은 하나라도

첫 번째로 언급해야 할 것은 산수를 가르치는 방법이 단 하나가 아니라는 사실이다. 산수를 가르치는 방법은 수없이 많다.

2+3은 어차피 5일 수밖에 없다. 달리 답이 없다. 그러니 이것을 가르치는 일은 간단하고 또 연구할 필요가 없다는 생각이 세상에 널리 퍼져 있는 듯하다. 바로 이런 생각이 수학 교육 방법을 연구하는 데 하나의 커다란 걸림돌이 되고 있다.

교사조차 그렇게 생각하는 사람이 있을 터이다. 2+3은 어차피 5니까, 달리 답은 나올 수가 없다고. 물론 세계 어디를 가더라도, 또 시대가 아무리 달라져도 2+3의 답이 5라는 사실은 변하지 않을 것이다. 답은 하나지만 어떻게 5라는 답에 도달하는지를 도출하는 방법은 매우 많다.

예를 들어 손가락을 꼽아서 답을 내는 방법도 있고, 공깃돌을 사용할 수도 있다. 또 머릿속으로 생각해서 계산할 수도 있고, 주판으로도 가능하다. 그 밖에도 방법은 많다. 교육에서 우선 필요한 일은 앞서 예로 든 수많은 방법 중에서 아이들에게 가장 가르치기 쉬운 방법을 골라내는 것이다. 아이가 생각하기 쉬울 뿐 아니라 나중에도 유용한 사고, 즉 발전성 있는 생각을 찾아주는 일이 가르치는 우리 어른의 임무이리라.

그렇게 본다면 2+3이라는 간단한 덧셈이라 해도 문제와 연구의 여지가 많다.

교육은 어린아이를 빼놓고는 생각할 수 없다. 어른이 아무리 쉽다고 생각해도 정작 아이는 받아들이지 못할 수도 있기 때문이다.

아이가 이해했는지 끝까지 아이에게 물어보면서 가르쳐나가야 한다. 그렇게 하면 매우 좋은 방법, 나아가 가장 쉽고 발전성 있는 사고를 발견할 수 있을 것이다. 하물며 2+3처럼 쉬운 계산도 그런데, 분수, 소수, 혹은 문자를 사용하는 대수 같은 개념까지 가면 실로 많은 사고방식이 있을 수 있다.

현재 세계 각국의 산수 교육 방식을 비교해보면 나라마다 다양하다. 혹은 같은 나라 안에서도 다양한 방법이 존재하는데 이것은 교과서를 살펴보면 분명히 알 수 있다.

서장에서는 지금껏 다양한 연구를 통해 어린아이에게 가장 쉽고 발전성 있는 사고방식이라고 결론이 난 내용을 소개하려 한다.

보수성

두 번째로 언급해야 할 것은 가르치는 기술, 즉 교육 기술이란 좀처럼 변하지 않는다는 사실이다. 이렇듯 현실에는 교육 기술의 보수성이 존재한다.

그로 인해 교육 기술은 더 연구할 필요가 없다는 사고방식이 팽배하여 그다지 연구되지 않고 있는데, 이 점이 교육 기술이 잘 변하지 않는 원인 중 하나다. 하지만 그뿐만이 아니다. 특히 저학년 학생에게 산수를 가르칠 때는 아무래도 교사의 버릇이 영향을 끼친다. 가령 손가락을 사용해 계산하는 버릇이 있는 교사는 무심코 교실에서 그 버릇이 나온다. 그것은 아이들에게 곧바로 전달된다. 나중에 설명하기 위해 지금 그 이유를 밝히지는 않겠지만 손가락을 사용하는 것은 좋지 않다. 그렇게 배운 아이가 커서 교사가 되면 다음 세대 아이들에게도 그 방법으로 가르치게 되므로, 교육 방식을 바꾸기가 어렵다는 것이다.

일본에서는 메이지明治 시대(1868~1912년)에 확립한 지도 방법이 지금껏 교사의 교수법에 뿌리 깊게 많이 남아 있다. 물론 장점도 있겠지만, 수긍하기 힘든 내용도 꽤 많다. 우리가 그것을 바꿔가야 한다. 다만 우리 어른들이 엄청난 노력을 기울이지 않으면 기존의 교육 방식은 변하지 않을 것이다. 교사뿐 아니라 학부모도 자신이 가르치는 방식이 최고라고 믿어서는 안 된다. 따라서 우리는 우선 교육 기술의 보수성을 경계해야 한다.

역사

세 번째로 언급해야 할 것은 산수 교육의 역사다. 1872년에 일본의 학제學制가 결정되고 약 100년이 지났다(이 책의 원서는 1972년에 발매―편집자 주). 그 전에 일본에서 산수를 가르칠 때는 서당 등에서 읽기, 쓰기, 주판으로 나누어 따로따로 교육했다. 하지만 그 후 초등학교가 세워지면서 유럽의 수학 교육법이 도입되었다. 즉 그때까지는 '와산和算(에도江戸 시대 이후 발전한 일본 고유의 셈법―역자 주)'이었고, 이때 '와산'이 서양식 셈법인 '양산洋算'으로 전환되었다.

이 시대에 들어서는 전체적인 교육 방식, 특히 수학 교육(수학에는 물론 산수도 포함된다) 방식이 꼭 필요했을 것이다.

메이지 시대에 들어서야 서둘러 교육 제도를 만들었으니 당연히 교과서도 없었다. 지금도 지방에 있는 오래된 집에 가면 광 안에서 목판 교과서가 나오기도 한다. 그런 교과서는 저자란에 아무개 지방 사족士族(무사의 가문—역자 주)과 같은 직함이 달린 경우가 많다. 이 시절에는 아마도 각 지방에서 저마다 다른 교과서를 사용했을 것으로 추정된다.

그런 시대를 지나 점점 국가의 통제가 강해졌고 검정檢定 제도가 나왔다. 검정 시절은 꽤 오랜 기간 이어졌다. 그 시대의 교과서 중에는 매우 훌륭한 것도 있었다. 검정 시절의 교과서를 보고 싶다면 고단샤講談社에서 메이지 시대 이후의 교과서를 전부 복각하여 출간한 『일본 교과서 대계日本教科書大系』라는 책이 나와 있으니 참고하기 바란다. 산수, 국어, 수신修身(행실을 바르게 함, 2차 대전 중의 학과목의 하나—역자 주) 등 모든 과목의 교과서가 있지만 메이지 시대 이후 특히 산수 과목에서 놀라운 교과서가 많다.

하지만 점점 중앙집권적 경향이 짙어졌고, 러일전쟁이 끝난 해인 1905년부터 국정 교과서로 전환되었다. 1905년은 지금부터 정확히 67년 전이다. 전환한 계기는 교과서 비리 사건이었다. 교과서 회사가 극심한 경쟁 속에서 다양한 중개료를 받아 챙기는 과정에서 비리 사건이 터졌고, 그 사건을 계기로 국정 교과서로 전환되었다. 최초로 나온 산수 교과서는 『심상 소학 산술서尋常小学算術書』였다.

검정 표지

표지가 새까만 교과서로, 1934년 이전에 초등학교에 들어간 사람은 이 교과서로 배웠을 것이다. 표지가 검은색이었기에 속칭 '검정 표지'로 불렸으며, 1905년부터 1934년까지 정확히 30년간 국정 교과서로 사용되었다. 검정 표지 교과서는 중간에 세 번 개정되었지만, 바뀐 내용이 매우 미미하여 본질은 변하지 않았다. 30년간 같은 교과서가 국정 교과서로 사용되었다는 사실은 검정 표지 교과서가 일본의 산수 교육에 결정적인 영향을 끼쳤다는 것을 의미한다. 심지어 지금도 그 영향이 뿌리 깊게 남아 있다. 바로 이런 이유로 역사가 매우 중요하다. 그리고 앞서 말했듯이 교육 기술은 좀처럼 변하지 않으며 보수적이다. 그런 측면에서 검정 표지 교과서를 자세히 분석하지 않으면 현재의 산수 교육을 제대로 판단할 수 없을 것이다.

또 제2차 세계대전 이전인 만큼 국정 교과서가 교육의 현장에서 절대적인 권위를 행사했다. 메이지 시대의 교육 방침은 '무엇을 가르치는가'에 해당하는 교육의 알맹이를 온전히 정치가 결정했다. 다시 말해 교육이 문부성 혹은 그 윗선의 손에 좌지우지되었다. 심지어 일선 현장에서 교육에 종사하는 교사가 정부의 교육 방침을 비판해서는 안 되었다. 무엇을 가르치든 비판은 용납되지 않았다. 당시 일선 교육 현장에서 교사가 노력할 수 있는 부분은 오로지 어떻게 가르칠 것인가 하는 문제뿐이었다. 정작 정부의 태도는 어떻게 가르칠지는 당신 교사들이 직접 연구하라는 식이었다. 이렇듯 검정 표지 교과서는 30년간 매우 강한 통제 속에서 사용되었다. 그러니 당연히 검정 표지의 영향력이 엄청나게 클 수밖에 없었다.

우스갯소리로 들릴지도 모르지만, 메이지 시대의 교육에 관해 전해 내려오는 이야기가 하나 있다. 어느 날 문부성이 산수 교육에 대한 지도서를 냈다고 한다. 지도서에 따르면 1, 2, 3,⋯⋯이

라는 숫자를 셀 때 구체적인 물건을 이용해서 가르쳐야 한다고 제
시되어 있었다. '예를 들어 만주饅頭(만두가 일본 전통 과자로 변형된 것—편집
자 주)를 사용해 가르치자'라는 식으로 말이다. 그런데 우연히 만주
의 만饅자가 먹을 식食 변이 아니라 물고기 어魚 변인 鰻(장어)로 잘
못 인쇄되었다. 그것을 본 교사가 장어 머리라고 생각하여 장어
집에 가서 장어 머리를 얻어 와서 아이들에게 셈을 가르쳤다고 한
다. 이야기의 사실 여부는 알 수 없지만 당시 문부성 통제가 얼마
나 엄격했는지를 알 수 있다.

검정 표지 교과서는 30년 동안 세 번 개정되었다. 그러나 개정
한 부분은 매우 사소했다. 가령 쌀값이 얼마인가 하는 응용문제가
있었는데, 화폐가치가 점점 떨어지고 실제 쌀값이 교과서 내용과
어긋나자 쌀 한 되 값을 두 배로 고치는 식의 개정이었다. 그 후
다이쇼大正 시대(1912~1926년) 말기에는 미터법을 도입하기도 했다.
이것은 양적으로는 대대적인 개정이었지만 척관법尺貫法을 미터법
으로 바꾼 것에 지나지 않는다.

초록 표지

그다음에 나온 것이 '초록 표지'라고 불리는 교과서다. 이 교과
서는 『심상 소학 산술尋常小学算術』이라는 제목이 붙었는데, '검정 표
지'의 제목인 『심상 소학 산술서』에서 '서'만 빠진 것이다. 초록 표
지 교과서는 1935년부터 1941년경까지 사용되었다. 초록색 바탕
에 빨간 풍차가 그려진 표지가 컬러로 인쇄되었다.

이 책으로 배운 사람도 있겠지만, 초록 표지 교과서는 사용된

세월이 비교적 짧다. 초록 표지는 검정 표지의 결함을 고쳤다고 하지만 지금 생각하면 고치기는커녕 오히려 더 나빠진 부분도 꽤 있었다. 그런데도 초록 표지 교과서는 아직도 꽤 많은 영향을 미치고 있다. 심지어 지금도 초록 표지 교과서의 흐름을 따른 검정 교과서가 많이 사용되고 있다.

하늘색 표지

그다음에 나온 교과서가 '하늘색 표지'라고 불리는 교과서인데, 내용이 초록 표지보다 더 나빠졌다. 하늘색 표지는 태평양 전쟁이 발발한 후에 사용되었는데, 그래서인지 응용문제에 군국주의적 색을 진하게 입혔다. 그뿐 아니라 산수 자체도 내용이 더욱 나빠졌다. 이런 시대를 거쳐 제2차 세계대전에서 일본이 패했다. 1945년 패전 당시에는 하늘색 표지를 썼다. 그 후 하늘색 교과서의 군국주의적 내용에 검은 칠을 하고 사용했던 시대가 있었다.

생활 단원 학습

제2차 세계대전 종전 후, 미국 점령군은 생활 단원 학습을 강제로 지시했다. 물론 점령군은 '강제'라는 증거를 남기지 않도록, 문서로 지령을 내리지 않고 그저 구두로 '시사'했을 뿐이지만, 생활 단원 학습이 미국에 뿌리를 두고 있다는 사실만큼은 분명하다.

생활 단원 학습은 어린이의 생활에 나오는 다양한 장면, 가령 '물건 사고팔기', '은행놀이' 등을 도입하여 그 상황에 나오는 문제를 해결하기 위해 덧셈, 뺄셈 등을 연습시키는 방식이었다.

그러나 이 방법을 도입하자 가령 덧셈을 가르칠 때, 덧셈만을 일정 기간 집중적으로 학습할 기회가 없어졌다. 당연히 일본 어린이의 수학 실력은 현저히 뒤떨어졌다.

이 방식을 전면적으로 내건 것은 1951년 발행된 학습 지도 요령이다. 이 지도 요령은 당시 미국에서 출판된 산수 지도서를 근거로 만들어졌다고 한다.

하지만 차츰 일본 교사들 사이에서 생활 단원 학습의 지도 요령에 대한 반대 목소리가 커졌고, 수년 후에는 사실상 매장되었다.

현재의 제도

결국 문부성은 학습 지도 요령을 개정하여 1958년에 새로운 지도 요령을 만들었다. 수학에서는 생활 단원 학습을 삭제하고, 어느 정도는 수학의 체계를 존중하는 방향을 내세웠다. 대신 지도 요령의 구속력을 강화하는 바람에 교과서의 자유도가 현저히 낮아졌다. 그런 면에서 국정 제도에 한발 가까워졌다고 볼 수 있다.

그로부터 수년 후, 교과서를 무상으로 지급하는 대신 교과서 채택 제도를 바꿨다. 그 전까지는 학교별로 교사가 자신이 좋아하는 교과서를 골라서 사용할 수 있었지만, 새로운 채택 제도에서는 시나 군, 혹은 현県(우리나라의 도道에 해당하는 광역 행정 구역-역자 주) 등의 큰 지역이 일괄적으로 같은 교과서를 선택해야 했다. 이른바 광역 채택 제도다.

교과서를 학교별로 채택할 수 있던 시절에는 아이들을 가르치는 일선 교사의 의견이 교과서 개정에 도움을 주었다. 교과서를 출판하는 회사도 일선 교사의 의견과 비판을 꼼꼼히 받아들이고 교과서의 개정에 반영했다.

하지만 광역 채택 제도로 바뀌자 교과서를 채택할 권리가 일선 교사의 손에서 아이를 직접 대하지 않는 해당 지역 소수 유력자의 손으로 넘어갔다. 당연히 교과서 편집자는 현장에서 뛰는 교사의 의견을 받아들이지 않게 되었고, 이로써 교과서가 조금이라도 개선될 길은 끊기고 말았다.

사실 현재 교과서는 좋아지기는커녕 점점 나빠지고 있다.

학습 지도 요령의 개정에 따라 1971년도부터 초등학교의 교과서가 크게 바뀌었는데 그중에 심각한 결함을 가진 교과서가 많아졌다. 그로 인해 낙제하는 아이나 산수를 싫어하는 아이가 늘어나고 있다. 이에 따라 지금껏 '교과서에 오류란 없다'고 믿어 의심치 않던 부모들 사이에도 의문과 불신이 싹트고 있다.

결국 1970년 7월 이에나가 사부로家永三郎의 교과서 재판(일명 이에나가 교과서재판. 1965년 국가를 피고로 교과서 검정 위헌 소송을 도쿄東京 지방 재판소에 제출, 이후 교사, 학부모, 연구자, 출판노조 등이 함께 국가를 상대로 전국적 싸움을 벌이고, 1970년 '검정 불합격처분 취소' 승소 판결과 1997년 '난징 대학살' 등 3개 부분의 검정에 대해 일부 승소 판결을 받아내는 성과를 일궜다—역자 주) 1심이 원고 측 승소로 돌아감에 따라 절대 오류는 없다고 믿었던 교과서를 우리 손으로 직접 검토하자는 움직임이 교사와 학부모 사이에서 들끓었다.

그리고 아이들에게 가르칠 내용을 제 손으로 직접 만들자는 자주 편성 운동이 꾸준히 확산하고 있다.

이 책도 그런 운동의 일환으로 쓰인 책이다.

제1장
양

넓은 의미의 양

　서장의 내용을 염두에 두고 본론으로 들어가 보자. 먼저 '양量'에 대해 이야기하려 한다.

　양에는 두 가지 의미가 있다. 바로 좁은 의미의 양과 넓은 의미의 양이다. 도량형度量衡이라는 말에서 '도'는 넓이, '양'은 부피, '형'은 무게를 가리킨다. 이들 양은 좁은 의미의 양이다. 이제부터 이야기하려는 내용은 더 넓은 의미의 양이다. 부피뿐 아니라 무게, 길이, 면적, 밀도, 시간 등 모든 개념을 '양'으로 간주하기 때문이다. 또한 물리학에 나오는 힘, 운동량, 속도, 가속도, 에너지 같은 개념도 모두 넓은 의미의 양으로 본다. 따라서 종류가 매우 많다. 또 사회과학적인 양, 예를 들어 인구, 국토의 면적, 인구밀도, GNP, 나아가 최근 공해문제에 자주 등장하는 ppm도 모두 앞으로 이야기할 '양'에 속한다.

　산수 및 수학 교육이므로 '수'부터 이야기해야 순서가 맞을 것 같지만, 이런 일반적인 상식과는 달리 '양'부터 시작하기로 하자. 왜냐하면 '수'의 배후에는 '양'이 있기 때문이다. 이렇게나 종류가 많은 '양'을 갑자기 아이들에게 이해시키기는 어렵다. 따라서 양의 중요성을 이야기하기 전에 이 다양한 '양' 중에서 아이들이 가장 이해하기 쉬운 '양'부터 시작하여, 그것을 발판 삼아 점점 어려운 '양'으로 발전시켜 나가도록 하자.

　초등학교를 시작으로 중학교, 고등학교에 올라가면 차츰 어려운 '양'이 나온다. 자칫 가르치는 순서가 어긋나면 아이들이 잘 이해하지 못한 채 혼란에 빠진다. 따라서 양은 체계적이며 계통적으로 지도해야 한다.

미취학 아동이 매우 이해하기 쉬운 양이 있다. 아주 어린아이라도 큰 과자와 작은 과자가 있으면 큰 쪽을 집어 들기 마련이다. 이처럼 두 가지 사물을 비교하여 크다, 작다를 이해하는 일이 바로 양의 출발점이다.

아이가 말을 알아듣게 되면 '크다, 작다'라는 개념부터 먼저 습득한다. 크기는 부피라는 양으로 발전하는 싹이다. 그리고 '덥다', '춥다', '차갑다'라는 말도 이해하게 된다. 이들 개념은 온도라는 양의 출발점이다. 또한 '길다, 짧다'라는 형용사를 이해하는 일은 길이라는 양으로 가는 열쇠가 된다.

우리는 크다와 작다, 뜨겁다와 차갑다, 길다와 짧다, 무겁다와 가볍다, 빠르다와 느리다와 같은 형용사를 많이 알고 있다. 바로 이 점이 양의 다양성과 깊은 관련이 있다. 예로 든 형용사는 모두 '비교'가 전제되어 있다. 이런 특징은 일본어보다 영어에서 더 확실히 드러난다. 원급, 비교급, 최상급으로 변하는 영어단어가 바로 그런 예라 할 수 있다. 가령 large, larger, largest처럼 형용사가 세 단계로 변하는 단어처럼 말이다.

생체와 환경

우리가 이처럼 많은 형용사를 아는 것은 '양'이 인간의 근원에 닿아 있다는 사실을 의미한다. 아직 '수'라는 개념이 나오기 전부터 생명을 유지하기 위해 우리는 반드시 '양'을 이해해야 했을 것이다. 또 우리가 더 큰 음식을 취하는 행동도 생명 유지를 위한 지혜라 할 수 있다. '덥다, 춥다'라는 말은 왜 필요했을까? 아마도 환경이 여름에서 겨울로 변할 때 이 개념을 알지 못하면 생명 유지에 지장을 초래했기 때문이리라. 시시각각 변하는 환경 속에 사는 인간이 변화에 무심하다면 어찌 살아남으랴. 다시 말해 환경 변화에 즉각적으로 적응해야만 살아남을 수 있었다는 얘기다.

적응이라는 말도 두 가지로 생각해볼 수 있다. 바로 동화와 조절이다. 동화는 능동적이지만 조절은 수동적이다. 날씨가 추워졌을 때 옷을 껴입는 행동은 엄밀히 말하면 수동적인 적응이다. 그러나 불을 피워서 외계外界온도를 높이는 일은 능동적인 적응이라 할 수 있다.

요컨대 생물은 이렇듯 늘 능동적이거나 수동적인 적응을 통해 생명을 유지해간다. 그중에는 두뇌를 쓰지 않아도 무의식적으로 기능하는 것도 있다. 인간의 육체적 기능에도 이러한 무의식적 기능이 있다. 더울 때 땀을 내서 체내의 열을 바깥으로 방출하는 작용은 무의식적인 적응이다. 추울 때 몸이 움츠러드는 현상도 마찬가지다. 털 있는 동물이 추위가 찾아오면 털이 풍성해지는 것도 무의식적 적응이다.

생물은 생명을 유지하기 위해서 적응해야 한다. 적응하기 위해서는 우선 외부 상태를 정확히 파악해야 한다. 날씨가 더워졌다는 사실을 인지하지 않고서 어떻게 더위에 적응할지 생각할 수는 없을 테니 말이다.

적응 $\begin{cases} \text{동화(능동적)} \\ \text{조절(수동적)} \end{cases}$

정보로서의 양

우리는 외부 상태를 감각기관을 통해
감지한다. 이때 감지한 결과를, 외부 상
태를 나타내는 정보라고 부른다. 환경 상
태를 가리키는 정보를 환경이 생체로 보

내면 덥다든가 춥다든가 하는 정보가 생기고, 우리는 그것에 적응
하기 위해 반응하거나 행동을 취한다. 그때 들어오는 정보가 대부
분 '양'이라는 형태를 취한다. 덥다, 춥다는 정확히 말하면 온도라
는 양으로 발전하는 씨앗이다.

예를 하나 더 들어보기로 하자. 어린아이가 큰길을 건너려고 하
는데 멀리서 자동차가 달려오고 있다. 그때 아이는 우선 자동차가
어느 정도 떨어져 있는지 파악할 것이다. 정확히 시속 몇 킬로미터
인지는 알 수 없어도 자동차가 대략 어느 정도 빠르기로 달리고 있
는지는 판단할 수 있다. 길의 폭은 어느 정도인지, 다 건너려면 얼
마만큼의 시간이 걸리는지도 대충 알 수 있다. 아이는 이렇게 길이,
속도, 시간 등 세 종류의 양을 정보로 받아들인 후, 그 정보를 토대
로 지금 길을 건너도 될지 혹은 건너면 위험할지 판단을 내린다.

또 물가가 비쌀 때 물건을 사지 않는 일도 하나의 판단이다. 물
건값 또한 양이다. 반대로 값이 쌀 때 사재는 일도 적응의 하나다.

더욱 고차원으로 발전시켜보면 사회 전체의 환경 상태, 가령 도
시의 아황산가스의 농도가 ○○ppm이 되면 환경에 좋지 않으니
아황산가스를 줄이기 위해 시민은 정치를 개혁하려는 판단을 할
것이다.

양은 맨 처음에 말한 감각적인 개념에서 시작해 점차 고차원으로 발전해간다. 그러나 어떤 경우든 결국 양이 정보로 받아들여지면 그에 적응하기 위한 대책이 강구된다.

따라서 양이 인간의 생명 혹은 생활을 유지할 뿐 아니라 나아가 국민 전체의 생존을 보장하기 위해 매우 중요하다는 사실을 알 수 있다. 그러므로 아이들이 다양한 양의 개념을 파악해나가는 일은 수학 교육의 큰 목표이자 토대이다.

이처럼 양은 무척 중요할 뿐 아니라 아이들이 이해하기에도 매우 쉽다. 그러므로 이 책의 제1장에서는 수학 교육의 출발점을 양으로 삼자고 일관되게 주장하고 있다. 그렇다고 양이 수학 교육의 토대니까 양만 가르치면 된다는 소리는 아니다. 당연히 다른 개념도 가르쳐야 한다. 그러나 양을 수학 교육의 출발점이자 토대로 삼아야 한다는 사실만큼은 분명하다.

양의 추방

지금까지 나는 양의 중요성을 거듭 강조했다. 그렇다면 지난날 일본의 수학 교육이 실제로 어땠는지 살펴보자. 우선 양의 관점에서 보자면 일본의 수학 교육은 매우 그릇된 방향을 향해 있었다. 서장에서 말한 바와 같이 러일전쟁 때 만들어진 '검정 표지 교과서'는 양을 무시하는 방침으로 만들어졌다.

검정 표지 교과서의 편집을 사실상 지도한 사람은 후지사와 리키타로藤沢利喜太郎(1861~1933년)다. 후지사와는 일본 수학의 창시자라 할 수 있는 인물인데 초기의 도쿄제국대학(현재의 도쿄대학-역자 주)

수학과 교수를 지냈다. 그는 수학자였을 뿐 아니라 수학 교육에 엄청난 노력을 기울인 인물이다. 메이지 시대 사람답게 '일본의 수학 교육은 내 손에 달려 있다'는 뜨거운 열정으로 수학 교육 연구에 임했다는 점에서는 존경할 만한 인물이다. 다만 양이라는 사고를 배제한 채 수학 교육을 구축하려 했다는 점은 아쉽다. 심지어 그의 연구가 훗날 일본 국정 교과서의 방침으로 자리 잡았으니, 후지사와의 영향력은 실로 컸다고 하겠다.

후지사와가 어떤 원리를 주장했는지 살펴보자면, 그는 다른 산술 교과서가 틀렸다고 비판했다. 때는 국정 교과서가 생기기 전, 아직 교과서 검정제도가 존재하던 시절이었다.

후지사와는 다음과 같이 단정 지었다.

"이 산술서에 기재된 수학의 정의를 관찰해보니 용어가 다소 잘못 사용되었다. 우선 양이란 증감할 수 있다는 전제를 깔고 있으므로 수학이 양을 논하는 학문이라는 주장을 하고 있다. 그러나 이것은 틀린 말이다. 수학은 양을 논하는 학문이 아니다."

그의 이런 수학관은 매우 특이하다고 본다. 나는 그의 의견에 반대한다. 요컨대 후지사와는 양을 배제한 산수 교육을 해야 한다고 주장한 셈이다.

후지사와의 주장은 19세기에 유행했던 수학의 한 관점을 대변한다. 후지사와는 독일에 유학했는데, 당시 최고 일류 수학자였던 크로네커Leopold Kronecker(1823~1891년)의 사상을 고스란히 가지고 돌아왔다. 후지사와는 그중에서도 '세기주의Das Zählprincip'라는 개념을 기반으로 국정 교과서를 만들었다. 세기주의는 제2장 '수'에서 자세히 다루겠다. 세기주의의 가장 큰 특징은 바로 양을 배제하는 것이다.

그렇게 '세기주의'를 토대로 만들어진 검정 표지 교과서가 탄생했다. 그런데 후지사와가 양을 추방한다는 방침을 과연 마지막까지 관철했을까? 아무리 후지사와라도 그것은 현실적으로 불가능했다. 왜냐하면 산수를 가르치는 한 부피나 길이를 가르치지 않을 수 없고, 돈 계산도 반드시 가르쳐야 하기 때문이다. 이는 모두 양에 해당한다. 저학년이라면 주먹구구식으로 가르칠 수 있겠지만 고학년 학생에게 양의 추방이라는 방침은 관철될 수 없었다. 이렇듯 양의 추방은 애초에 불가능한 일이기에, 교과서를 만들기로 한 이상 후지사와는 자신의 주장에 끝까지 충실할 수는 없었다.

후지사와라는 사람은 도쿄제국대 교수를 그만둔 후 귀족원貴族院 (근대 일본 제국의 의회-역자 주)의 칙선 의원(선거가 아닌 국왕이 친히 임명하는 의원-역자 주)이 되었다. 옛날이니 가능한 일이었으리라. 정치를 꽤 좋아한 모양인지 정치에 관련한 논문도 다수 발표했다. 그리고 보통 선거법 등을 수학적으로 연구했다.

후지사와는 매우 영리했던 것 같다. 처음에 쓴 저서에는 양의 추방을 주장하고 있지만 검정 표지 교과서가 나오기 전인 1899년에 쓴 『수학교육법数学教育法』이라는 책에서는 양의 추방이라는 말은 단 한 번도 언급하지 않았다. 사실 그는 양을 논하지 않고서는 교과서를 만들 수 없다는 사실을 알고 있지 않았을까?

후지사와에게는 공과 죄가 모두 있다. 가령 양의 추방을 주장한 일은 죄지만, 공도 적지 않다. 예를 들어 이 내용은 제2장 '수'에서도 다루겠지만, 그는 아이들에게 지나치게 암산을 시켜서는 안 된다고 주장했다. 또 쓰루카메잔鶴亀算(사칙 연산의 응용문제 중 하나. 학(쓰루)과 거북이(카메)의 마릿수와 다리의 합계로 각각의 동물이 몇 마리인지 계산해내는 셈법ー

역자 주)처럼 어려운 응용문제를 초등학교에서 다뤄서는 안 된다고 주장했다. 하지만 지금 일본의 산수 교육은 후지사와의 주장을 전혀 받아들이지 않은 채, 아이들에게 닥치는 대로 암산을 시키거나 어려운 응용문제를 내고 있다. 죄는 이어받고 오히려 공을 버리는 모순이 생긴 셈이다.

결론적으로 양을 추방하자는 주장은 훗날 일본의 수학 교육에 매우 큰 오점을 남겼다.

양의 계통적 지도

그렇다면 양을 올바르게 지도하려면 어떻게 해야 할까? 나는 앞부분에서 예로 든 다양한 양을 쉬운 개념부터 어려운 개념까지 한 걸음씩 차근차근 가르쳐야 한다고 본다. 그러기 위해서는 양을 크게 분류해서 볼 필요가 있다.

교육의 관점에서 보더라도 쉬운 개념부터 어려운 개념으로 점차 발전시켜가는 방법이 바람직할 터이다.

지금부터 양의 계통적 지도 방법을 소개하려 한다. 우선 계통적인 표를 만들어보았으니, 이 표를 보면서 설명하겠다.

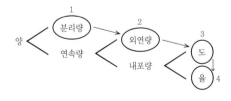

양의 계통

양은 크게 분리량과 연속량으로 나뉜다. 연속량은 다시 잘게 쪼개면 외연량과 내포량으로 나뉜다. 내포량은 조금 더 잘게 쪼개면 도度와 율率로 나뉜다. 지도 순서는 위 표의 번호를 따르면 된다.

분리량과 연속량

분리량에는 어떤 것이 있을까? 예를 들면 한 방 안에 있는 사람 수는 분리량이고, 아이들이 가지고 있는 연필 개수도 분리량이다. 간단히 말하면 '몇 개'인지를 나타내는 개수다. 영어의 How many가 분리량에 해당한다.

분리량의 조건은 '그 안에 있는 1이 더는 나뉘지 않을 것', 그리고 '각각 독립되어 있으며 이어지지 않을 것'이다. 물건이 '많고 적음'을 나타내는 것이 분리량이다. 가령 방 안에 사람이 몇 명 있느냐를 묻는다 치자. 한 사람을 더는 나눌 수 없다. 그렇게 독립된 한 사람 한 사람이 모두 따로따로 존재한다.

한편 연속량은 쉽게 설명하면 '얼마'인지 말할 때의 양이다. 영어의 How much가 연속량에 해당한다. 가령 양동이 안에 물이 '얼마' 들어 있느냐를 묻는다 치자. 양동이 안의 물은 얼마든지 잘게 나눌 수 있다. 가령 나중에 양동이에 든 물의 양을 1ℓ 라고 정한다 해도 그 1ℓ 는 얼마든지 잘게 쪼갤 수 있다. 즉 무한히 분해할 수 있다는 이야기다. 분해가 가능할 뿐 아니라 반대로 얼마든지 이을 수도 있다. 두 개의 양동이 안에 있는 물을 합치면, 곧 하나가 되고 경계도 사라진다. 이처럼 무한 분해 가능성과 합병 가능성을 가진 것을 연속량이라 한다.

단수와 복수를 철저히 구별하는 영어에서는 many와 much의 차이가 확실하다. 반면 일본어에서는 사과가 '얼마나' 있는지 묻고 '하나', '둘'로 답한다. 방 안에 있는 사람 수는 분리량이지만 일본어에서는 몇 명인지 물을 때 '몇'이냐고 하지 않고 '얼마나' 되느냐고 묻는다. 또 마을의 세대수는 '얼마'라고 표현한다. 분리량에 해당하지만 '몇'이냐고 하지 않는다. 이처럼 일본어에서는 '몇'과 '얼마'는 many와 much만큼 확실히 구별되어 있지 않다. 영어의 many와 much는 각각 분리량과 연속량에 해당한다. 이 두 양은 같은 '양'일지라도 성격이 매우 다르다. 그러므로 이것을 분명히 구별하여 가르치지 않으면 아이들이 혼동할 우려가 있다.

하지만 지금까지 수학 교육에서는 분리량과 연속량을 거의 구별하지 않았다. 왜냐하면 양이라는 개념까지 돌아가 생각하지 않았기 때문이다.

원래 '수의 세계'에서는 3명이든 3m든 3ℓ든 모두 3이라는 숫자로 세지만, '양'의 관점에서 바라보자면 구체적으로 모두 다르다. 수의 세계와 양의 세계의 차이는 다음과 같이 설명할 수 있다.

수의 세계는 흑백텔레비전, 양의 세계는 컬러텔레비전에 비유할 수 있다. 양의 세계는 부피, 길이 등 다양한 개념이 존재하지만 숫자로 바꾸면 모조리 같아진다. 컬러텔레비전은 초록, 빨강 등 색채가 풍부하지만, 흑백텔레비전에서는 모두 흰색, 회색, 검정으로 표현되는 것과 같은 이치다. 아이들에게는 우선 컬러텔레비전 같은 양의 세계를 확실히 이해시킨 후에 흑백텔레비전 같은 수의 세계로 옮겨가는 것이 좋다.

여기에서는 분리량과 연속량을 확실히 구별했는데, 물론 분리량이 먼저다. 분리량은 수로 치면 정수다. 1이 그 이상으로 나눌 수 없으므로 끝수는 나오지 않는다. 1, 2, 3,……과 같은 정수가 된다.

그러나 연속량을 나타내기 위해서는 정수로는 부족하다. 어쩔 수 없이 끝수가 있는 소수나 분수, 나아가 무리수가 필요해진다. 이것들을 총칭하여 실수라 한다.

집합을 이루는 원소의 개수

일정한 개수의 사람이나 사물이 얼마나 있는지를 묻는 말의 바탕에는 집합이 깔렸다고 할 수 있다. 가령 한 방에 있는 사람의 집합을 생각한 후, 그 집합을 이루는 사람의 수를 묻는 셈이다. 집합을 이루는 원소의 개수는 정수로 나타낸다. 집합이란 사람이나 사물의 모임을 가리키는데, 그 의미가 매우 폭넓다. 하지만 모든 상황에서 무조건 '몇 개 있다'고 표현할 수 있는 것은 아니다. 우선 그곳에 있는 사물 하나하나가 등질等質이어야 한다. 등질인 사물의 집합일 때 비로소 '몇 개'라는 질문이 성립한다.

과일가게에 사과가 3개, 귤이 5개 있다고 치자. 이때 과일가게에 과일이 8개 있다고 하지 않는다. 사과와 귤은 이질異質이므로 같이 세지 않는 것이 일반적이다. 양에서는 등질인 사물만을 모아서 사과 3개, 귤 5개라고 말해야 한다. 싸잡아서 8개라고 해서는 안 된다.

등질성은 양의 필요조건 중 하나다. 완전히 같지는 않아도 등질로 간주할 정도로 비슷해야 한다. 그러나 최근 교과서에서 이 원칙을 잊고 심하게 이질적인 사물을 한꺼번에 세는 경우가 꽤 많다. 요컨대 집합에서 양으로 발전시키기 위해서는 1로 간주하는 사물이 서로 등질이어야 한다.

주판과 계산자

양은 분리량과 연속량으로 구별된다. 이 두 가지 개념은 수학에서 끝까지 대립 개념으로 간주한다.

계산기에도 디지털digital과 아날로그analog 두 종류가 있다. 디지털은 분리량적 계산기, 아날로그는 연속량적 계산기다. digital의 digit이란 '손가락'을 가리킨다. 손가락은 분리량이다. 아날로그는 '연속'이란 뜻은 아니지만, 결과적으로 연속량을 의미한다.

이는 고급 계산기를 두고 하는 말이다. 알기 쉬운 예를 들면 디지털 계산기의 가장 간단한 형태는 주판이다. 주판알 하나하나로 분리량을 계산할 수 있기 때문이다. 아날로그 계산기 중 가장 간단한 형태는 계산자다. 계산자는 수를 길이로 번역한다. 요즘 사용되는 성능 좋은 고급 계산기는 대부분 디지털이다. 한편 아날로그 계산기가 정확성은 떨어지지만 어떤 의미에서는 매우 편리한 면도 있다. 계산자는 정확성은 떨어지지만 사용하기 편리하다. 악기로 치면 피아노는 디지털이다. 음이 하나하나 나뉘어 있다. 바이올린은 아날로그다. 음이 연속적이기 때문이다. 이처럼 다양한 면에서 분리와 연속은 대립하는 개념으로 간주한다.

개수를 세는 단위와 미터법의 단위

분리량과 연속량을 생각할 때 우리가 조심해야 할 문제가 있다. 그것은 일본어의 특징 중 하나인 세는 단위에 관한 것이다.

일본어에는 몇 명, 몇 자루, 몇 장과 같은 표현이 있는데, 이때 '명', '자루', '장'이 여기에서 말하는 개수를 세는 단위다. 개수를 세는 단위는 분리량에 붙는다. 이것은 유럽 언어에는 없다. 산수 교육에서 개수 세는 단위를 어떻게 다루느냐는 어려운 문제 중 하나다.

과거 일본 것은 무엇이든 하찮고 유럽 것이 최고라고 여기는 시대가 있었다. 그때는 개수를 셀 때 단위를 쓰지 말자고 주장하는 사람마저 있었다. 몇 명이라는 표현 대신 인간이 '얼마큼' 있다고 말하면 되지 않느냐는 주장이었다. 하지만 일본어를 바꿀 수는 없는 노릇이다. 언어를 바꾸는 일은 거의 불가능에 가깝다. 유럽에서 보자면 개수를 일일이 단위로 세는 것이 일본어가 유치하다는 상징처럼 보일지 몰라도 절대 그렇지 않다. 그저 사고법의 차이일 뿐 일본어가 열등하다는 증거는 아니다.

영어에서는 단수와 복수를 구별하는데 명사 중에서도 보통명사가 그러한 구별의 대상이다. 이것이 바로 여기에서 말하는 분리량이다. 한편 '물'이나 '목재'는 물질명사이며, 연속량에 해당한다.

일본어에서는 보통명사와 물질명사를 구별하지 않고 둘을 같은 개념으로 간주한다. 영어에서 물의 양을 나타낼 때 a glass of water 즉 '한 잔의 물'과 같이 양을 재는 용기를 제시해야 하는데, 일본어에서도 비슷하게 '한 장의 종이', '한 그루의 나무', '한 마리의 개'라고 표현한다. 실제로는 연속량에만 필요한 개념이 분리량에까지 확장한 셈이다.

그렇게 보면 영어에서도 소수이긴 하지만 본래 분리량인데 연속량처럼 취급하는 사례가 있다. 이른바 집합명사인데, 예를 들어 cattle, people과 같은 단어다.

산수에서 개수를 세는 단위를 어떻게 처리해야 할까? 몇 명, 몇 장과 같이 분리량에 붙는 단위는 응용문제의 답에 반드시 붙어야 한다. 방 안에 몇 명 있느냐는 문제를 냈다면 답은 '10'이 아니라 '10명'이라고 해야 아무래도 일본어답다. 하지만 분리량 계산식 안에서는 2명+3명처럼 단위를 쓰는 것은 좋지 않다. 아이들의 이해를 돕기 위해 처음에는 써도 되지만, 점차 단위를 쓰지 않아도 아이들이 이해할 수 있도록 지도해야 한다.

분리량이라면 단위를 적지 않더라도 헷갈리는 일이 없을 터이다. 오히려 단위를 쓰게 했을 때 혼란을 일으킬 수도 있다. 가령 연필 한 자루와 두 자루를 더한다고 치자. 식으로 쓰면 1폰ぽん+2혼ほん=3본ぼん이 된다(일본어에서는 가늘고 긴 물건을 셀 때 '혼本'을 쓰는데, 이때 '本'은 앞에 오는 숫자에 따라 발음이 변한다—역자 주). 같은 단위지만 발음은 '폰', '혼', '본'으로 각기 다르다. 1일 때는 '폰', 2일 때는 '혼', 3일 때는 '본'으로 변하므로, 무려 세 종류나 된다. 이런 것이 아이들의 발목을 잡아서는 안 된다. 그러니 이 경우에는 단위 없이 수식

은 1+2=3으로 쓰되, 일본어를 쓰는 일본인이므로 답만은 '3本'이라고 쓰게 하는 것이 좋다.

하지만 연속량에 붙어 있는 몇 m라든가 몇 ℓ는 미터법의 단위이지 개수를 세는 단위가 아니다. 유럽 언어에서도 미터법의 단위는 붙여야 한다. 미터법의 단위는 식 안에서도 반드시 붙여야 헷갈리지 않는다. 가령 길이가 얼마인지를 나타낼 때는 3m라고 써야 한다. 그렇지 않으면 3m인지 3cm인지 알 수 없다. 미터법의 단위는 식 안에서도 반드시 표기하게 하자.

외연량과 내포량

양의 분류표에서 연속량을 더 잘게 쪼개면 외연량과 내포량 두 가지로 나뉜다.

외연량의 외연이라는 말을 살펴보면 '바깥外'으로 '퍼진다延'는 뜻이다. 크게 보면 이는 크기 혹은 넓이를 나타내는 양이라고 봐도 무방하다. 그러므로 눈으로 봐서 알 수 있는, 이해하기 쉬운 양이다.

한편 내포량의 내포라는 말은 '속內'으로 '품고包' 있다는 뜻이다. 가령 우리는 식당에서 양은 많은데 질이 별로라는 이야기를 한다. 이는 사물을 판단할 때 양과 질, 양쪽 면을 모두 생각한다는 증거다. 양은 겉모습이기에 금방 알 수 있지만 질은 속에 숨어 있다. 즉 내포량은 사물이 안에 품고 있는 질을 나타내며, '겉보기엔 작지만 알맹이는 실하다'와 같은 느낌에 가깝다. 내포량은 '질적량'이라 해도 좋다. 따라서 일본에서는 외연량을 '용도容度', 내포량을

'강도強度'로 해석하는 사람도 있다.

외연량 중에서 우리에게 가장 친숙한 양은 부피, 무게, 길이, 시간 등이다. 물건의 가격 또한 외연량이다. 면적도 마찬가지다. 면적은 넓이 그 자체를 나타낸다. 그 외에도 외연량의 예는 많다.

외연량을 정확히 이해하기 위해서 우선 가법성加法性이라는 개념에 대해 생각해보자. 가법성이란 무엇일까? 가법성을 생각하기 전에, 양이란 것이 원래 무엇인지 살펴보자. 양은 사물 그 자체가 아니다. 길이 2m의 봉이 있다. 2m는 봉 자체를 나타내는 것이 아니라 봉이 가지고 있는 성질 중 하나다. 즉 사물의 일개 속성이다. 가령 내 키가 165cm라 치자. 이때 165cm 자체가 존재하는 것이 아니라 나라는 인간의 속성 중 하나가 165cm라는 이야기다. 다시 말해 양이란 사물 그 자체가 아니라 그 사물의 속성을 나타낸다.

가법성

사물과 속성 간의 관계를 살펴보자. 두 가지 사물을 합치는 것, 합병하는 상황을 떠올려보자. 즉 물체 혹은 물질을 합병하는 것이다. 두 사물을 합병하는 상황에서 사물의 속성인 양의 덧셈이 성립할 때, 즉 사물을 합병해서 '가법'이 성립할 때 이 양을 '가법적'이라고 한다. 가법적인 양을 우리는 외연량이라고 부른다.

대표적인 예로 부피를 들 수 있다. 두 사물을 하나로 합치려 할 때 부피의 경우 덧셈을 하면 된다. 2ℓ의 물과 3ℓ의 물을 합하면 5ℓ가 된다. 이것을 강조하는 이유는 실제로 그렇지 않은 양이 존재하기 때문이다. 가령 온도는 어떨까? 한쪽 양동이의 물이 20℃이고 다른 쪽 물이 30℃라고 치자. 두 양동이의 물을 합해도 온도는 50℃가 되지 않는다. 즉 합병해도 덧셈이 성립하지 않는다. 이때 물의 온도는 20℃와 30℃의 중간 정도가 된다. 따라서 온도는 가법적이지 않으며, 부피 등과는 다른 종류의 양, 즉 질적량이다. 질 좋은 차茶와 질 낮은 차를 섞으면 보통 정도의 차가 되는 경우와 마찬가지다. 이것은 질적량이므로 합치면 중간 정도가 될 뿐, 덧셈은 성립하지 않는다. 이런 양이 내포량이다.

이처럼 외연량과 내포량은 크게 다르다. 요컨대 합병했을 때 덧셈이 성립되는 양이 외연량이며, 덧셈이 성립되지 않는 양은 내포량이다. 외연량은 넓이나 크기이므로 덧셈이 성립된다고 생각해도 좋다.

물론 아이들은 겉으로 보아 금방 알 수 있는 외연량을 더 쉽게 이해한다. 외연량의 계산에 사용되는 셈은 덧셈과 뺄셈이다. 즉 외연량은 덧셈, 뺄셈으로 이어지는 양이다. 반면 내포량은 곱셈, 나눗셈으로 이어진다.

그러나 기존의 산수 교육에서는 외연량과 내포량을 구별하지 않고 가르쳤다. 아이들에게 20℃의 물과 30℃의 물을 합치면 몇 ℃가 되는지 물으면 "50℃"라고 대답하는 아이가 분명 나온다. 온도라는 내포량을 외연량으로 잘못 이해하고 있기 때문이다. 또 어떤 양이든 합치면 덧셈이 성립한다고 믿고 있기 때문이다. 외연량과 내포량을 구별하지 못하면 숫자만 있을 때는 계산할 수 있을지 몰라도 구체적인 응용문제가 나오면 헤매게 된다. 가법성은 외연량이 가지고 있는 특별한 성질이므로 제대로 가르쳐야 한다.

무게

　무게도 가법적인 양이다. 그러나 두 사물의 무게를 합치면 덧셈이 성립한다는 사실은 지금까지 제대로 지도되지 않았다.

　2kg과 3kg의 두 사물을 더하면 얼마인가? 하는 질문은 덧셈하면 2+3이 되므로 매우 간단하다. 2+3=5라는 수식 계산이 가능하니 문제없다고 생각할지 몰라도, 아이들이 무게를 양의 개념으로 받아들이지 못한다면 의미가 없다. 체중이 60kg 나가는 사람과 55kg 나가는 사람이 나란히 저울 위에 올라가면 저울의 눈금은 얼마를 가리키는지를 물어보는 문제를 냈다고 치자. 나란히 서 있을 때는 금세 덧셈이라고 판단할 수 있으니 60+55라는 식을 세워 쉽게 풀 수 있다. 하지만 한 사람이 다른 한 사람을 업고 저울에 올라가면 얼마가 되는지를 물으면 고민하는 아이가 많다. 이렇듯 무게의 가법성은 특히 어렵다.

　물 위에 나무를 띄우면 어떨까. 500g의 물에 100g의 나무를 띄운 후 저울에 달면 눈금이 얼마를 가리킬지 물으면 잘 모르겠다고 대답하는 아이들이 많다. 더 어려운 문제는 물속에 100g 나가는 금붕어가 헤엄치고 있을 때 무게가 얼마가 되느냐는 질문이다. 제대로 대답하지 못하는 아이가 처음 문제보다 더 많아진다. 따라서 무게라는 양은 꼼꼼하게 지도해야 한다. 그러나 지금까지 우

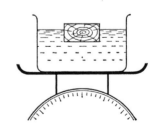

리는 아이들에게 이런 배려를 하지 못했다. 수만 있는 세계에서는 덧셈부터 시작하므로 이런 문제가 나오지 않기 때문이다.

미터법 단위의 도입

다음으로 외연량의 단위 도입에 대해 알아보자. 요컨대 미터법 단위를 정하는 방법에 대한 것이다. 분리량에서는 처음부터 1을 알고 있다. 누가 봐도 1은 1이고 의문의 여지가 없다. 방에 있는 사람이 몇 명인지를 물을 때 1이 무엇을 나타내는지는 확실하다. 그러나 연속량에서는 가령 물의 부피를 예로 들면 1ℓ는 처음부터 정해져 있지 않다. 처음부터 물속에 1ℓ라고 구분되어 있지 않다. 1ℓ의 ℓ는 다양한 절차를 거쳐 정해진 미터법 단위다.

기존의 교과서는 부피를 가르칠 때 일정한 양을 제시하고, 이것이 바로 1ℓ라고 억지로 주입했다. 그리고 이 1ℓ를 3개 합치면 3ℓ라고 또 주입했다. 하지만 연속량을 이렇게 가르치면, 아이들은 연속량이 분리량과 다르다는 사실을 깨닫지 못한다. 1ℓ가 인간이 나중에 정한 단위라는 사실을 모른 채, 아이들은 그저 분리량과 같게 취급한다. 당연히 연속량의 특별한 성질을 눈치채지 못한 채 지나치고 만다.

미터법 단위가 어떻게 도입되었는지 아이들에게 자세히 설명해야 한다. 여기서는 외연량의 단위가 나오는데, 네 단계로 나누도록 하겠다. 바로 직접비교, 간접비교, 임의단위, 보편단위다. 이 네 단계로 나누어, 1m나 1ℓ 등의 단위가 들어온 과정을 충분히 시간을 들여 자세히 설명하겠다.

직접비교

처음에 말했듯이 양이 비교에서
시작되었다는 사실을 잊어서는 안
된다. 크다, 작다는 이미 비교를 염
두에 둔 표현이다.

길이를 예로 들어 직접비교를 설
명하겠다. 같은 반 아이인 다로와
지로 중에 누가 더 키가 큰지 알아보려 한다. 이때 자는 필요 없
다. 두 아이를 나란히 세워서 키를 비교하면 되니까. 이런 비교
방법을 직접비교라고 한다. 이때는 둘만 있으면 크다, 작다를 금
방 판단할 수 있다. 아이가 큰 과자로 손을 뻗는 행위도 직접비교
를 통해 판단한 결과이리라. 직접비교는 가장 단순한 비교 방법이
며, 비교라는 행위의 출발점이라 할 수 있다.

간접비교

그러나 직접비교가 불가능한 경우가
생긴다.

가령 도쿄에 있는 아이와 오사카大阪
에 사는 친척 아이 중 어느 쪽이 더 키
가 큰지를 알아보려면 한 아이가 기차

단위도입 4단계

1 직접비교
2 간접비교
3 임의단위
4 보편단위

를 타고 다른 쪽으로 가야만 직접비교가 가능하다. 혹은 같은 교
실 안이라도 교단 길이와 뒤에 있는 책장 높이의 직접비교는 꽤

어렵다.

현실에서는 직접비교가 불가능한 상황이 많다. 이런 경우 해결 방법이 있다. 바로 제3의 도구를 이용하여 비교하는 것이다. 끈으로 교단의 길이를 재고, 그 끈을 가지고 가서 뒤에 있는 책장에 대보면 된다. 그러면 간접적으로 크기를 비교할 수 있다. 이것을 간접비교라 한다.

인간이 미개하던 시절에 점차 단위를 만들어낸 과정을 생각해보자. 처음에는 작은 마을을 이루어 살았을 테니 그 안에서 물건을 비교해야 할 상황이 생기면 직접비교만으로 모두 해결했을 것이다. 그러나 사회의 규모가 점점 커짐에 따라 간접비교가 필요해졌으리라.

임의단위

세 번째 단계는 임의단위다. 가령 첫 번째 학교 건물 너비와 두 번째 학교 건물 너비를 비교하려 할 때 끈을 사용하면 너무 길어져 불편하다. 이럴 때는 보폭으로 재면 된다. 같은 사람이 건물 끝에서 끝까지 걸었는데 한쪽이 100보, 다른 한쪽이 120보였다면 120보 나온 건물의 너비가 더 길다고 판단할 수 있다. 다만 두 번째 건물 너비를 잴 때도 첫 번째와 같은 보폭으로 걸어야 하므로, 보폭을 같게 유지해야 한다. 이것은 자로 재기 힘든 긴 길이를 재는 방법이다. 이때 보폭이 임의단위라 할 수 있다.

사실 임의단위는 우리가 늘 사용하는 방법이다. 길이를 재고 싶은데 자가 없을 때 어떻게 하는가? 아마도 엄지와 검지를 벌려서 비교할 것이다. 또한 손가락 폭을 임의단위로 삼을 수도 있다. 혹은 자신이 가지고 있는 연필을 가지고 길이가 몇 자루분인지 셀 수도 있다. 지혜를 짜내면 너무 긴 끈을 사용하지 않고도 얼마든지 비교할 수 있다.

물건의 가격을 말할 때 예전에는 모피가 몇 장인지로 나타냈다. 조개껍데기를 이용하기도 했다. 이때 모피나 조개껍데기는 가격의 임의단위에 해당한다. 이것은 한 곳의 좁은 사회 안에서 통용되었을 것이다.

보편단위

그러나 임의단위에는 결함이 있다. 바로 잴 때마다 수치가 달라진다는 점이다. 보폭도 걸을 때마다 달라지니 일률적으로 적용하기 곤란했을 것이다. 그제야 비로소 미터, 척, 피트와 같은 단위가 생겨났다. 우리는 이것을 보편단위라고 부른다.

기존의 수학 교육에서는 아이들에게 보편단위를 가르칠 때 중간 단계를 설명하지 않은 채 갑자기 주입식으로 욱여넣었다. 하지만 그런 방법으로는 단위의 필요성을 이해시키기 힘들다. 그러므로 m나 ℓ와 같은 보편단위가 생겨나기까지의 과정을 자세히 설명해야 한다. 보편단위는 사회과에서도 매우 좋은 교재로 활용할 수 있을 것이다.

보편단위는 사회가 진보하면서 생겨났다. 단위는 개인의 요구로는 생겨나지 않는다. 사회의 규모가 커지자 필요해졌기에 생겨난 것이다. 이것은 마치 언어와도 같다. 인간이 그저 홀로 지낸다면 언어는 필요 없다. 하지만 사회가 커지면 아무래도 언어가 필요해진다. 그러므로 단위가 생겨난 이유는 언어의 그것과 닮았다.

임의단위에서 보편단위로 이동하는 과정을 설명할 때 재미있는 예시가 있다. 바로 영국의 야드파운드법의 뿌리가 되는 야드다. 영국에서도 최근에는 야드를 쓰지 않는다고 하지만, 옛날 야드의 길이를 어떻게 정했는지에 대한 일화다. 바로 영국의 헨리 1세라는 왕이 팔을 수평으로 뻗었을 때 콧등에서 손가락 끝까지의 길이를 1야드로 정했다고 한다. 이때 1야드는 헨리 1세 본인에게는 임의단위다. 그러나 그 임의단위를 그대로 국가의 보편단위로 정한 것이다.

사회가 진화하면 당연히 보편단위도 생겨난다. 그러나 보편단위는 강력한 국가권력이 뒷받침되지 못하면 유지하기 힘들다. 보편단위를 유지하려면 아무래도 국가권력의 강제력이 필요하기 때문이다.

역사적으로 봐도 4000~5000년 전 고대 이집트라든가 바빌로니아 등지에서는 이미 국가가 정한 보편단위가 많이 생겨났다.

일본에서도 나라奈良 시대(710~794년), 즉 국가라는 것이 생겨나자 곡물의 부피 단위인 되를 특히 중요시했고 국가가 무척 엄중히 관리했다.

왜냐하면 당시 국가의 기반은 농업이었기에 농민의 조공이 매우 중요했다. 조공의 양을 속이면 국가의 기반이 흔들리므로 조공을 엄중히 유지하기 위해 필사적으로 노력했다. 당시 절에서는 되를 속이는 자가 죽으면 지옥의 가장 깊은 곳에 떨어진다고 설파했다. 지옥에 떨어질 뿐 아니라 죽으면 소가 된다는 이야기도 있었다. 종교의 힘까지 빌려서 보편단위를 유지하려 한 셈이다.

　에도江戸 시대(1603~1867년)에 들어서는 8대 장군인 요시무네吉宗 때, 되의 단위를 속이는 자는 '장안에서 조리돌린 후에 감옥에 가둔다'는 법률을 제정했다고 한다. 에도 막부幕府의 기반은 농업이었으므로 곡물의 부피 측정이 무엇보다 중요했기 때문이다. 반면, 길이는 정치할 때 크게 중요하지 않았기에 정부가 따로 통제하지 않았다고 한다. 이런 의미에서 단위의 발생은 사회과에서도 매우 중요한 교재라고 생각한다. 단위를 통해 사회의 진화를 배울 수 있기 때문이다.

　외연량은 부피, 길이 등을 가리키는데 길이보다 부피가 더 이해하기 쉽다. 아이들은 '길다, 짧다'보다 '크다, 작다'가 더 이해하기 쉽다고 한다. 길이가 어려운 이유는 추상적이기 때문이다. 길이는 일단 사물의 두께를 배제하고 긴 정도만을 봐야 하므로 추상능력이 꽤 필요하다. 즉 두께를 배제할 수 있는 능력을 갖추어야 한다. 두꺼워도 짧은 물건이 있고 가늘어도 긴 물건이 있다. 따라서 두께에 영향받지 않고 길이만을 유추하여 판단할 수 있어야 한다. 그러므로 아이들에게 길이가 더 어렵다고 한다.

　초등학교 때 나오는 외연량 중에 무게도 있다. 무게는 부피나 길이보다 훨씬 어려우므로 특별히 신경 써서 가르쳐야 한다. 앞서 말한 바와 같이 가법성이란 어려운 개념이기 때문이다.

시간

　무게보다 더 어려운 것이 시간이다. 시간이 대체 왜 외연량인지

조차 의문이라는 사람도 있다. 하지만 역시 시간은 외연량이라고 봐야 한다. 물론 눈에 보이지 않는 시간을 양적으로 받아들이기란 매우 어려운 일이다. 기존 교과서에서는 시간을 가르칠 때 엄밀히 말하면 시간 자체가 아니라 시계 읽는 법을 가르쳤다. 하지만 올바른 순서는 시간이라는 양을 아이들에게 제대로 이해시키고, 그 후에 시간을 재는 기계인 시계를 어떻게 읽는지 가르치는 것이다.

지금까지는 아이들에게 시계 보는 법만 가르쳤기 때문에 시계가 없는 방에서는 시간이 흐르지 않는다고 생각하는 아이들이 많다. 그러므로 양으로서의 시간, 그 자체를 시계 없이도 파악할 필요가 있다.

우리는 시계가 없어도 시간의 길이를 감각으로 파악할 수 있다. 우리의 몸 안에는 맥박이나 호흡과 같은, 어떤 의미에서는 시계와 비슷한 것을 갖추고 있다. 따라서 정확하지는 않지만 그 감각에 따라 시간의 흐름을 대충 느낄 수 있다. 시간의 단위가 나오기까지 앞서 말한 측정의 4단계(직접비교, 간접비교, 임의단위, 보편단위에 의한 측정을 측정의 4단계라고 한다—역자 주) 수업을 한 학교에 따르면 아이들은 스스로 고민하여 자연스럽게 이 4단계를 생각해낸다고 한다.

예를 하나 들어보자. 빈 주스 캔을 두 개 준비하고, 각기 구멍을 뚫는다. 그리고 두 캔의 구멍 크기를 달리한다. 그런 다음 캔에 물을 가득 넣고 기울여서 물이 전부 나오기까지의 시간을 비교한다. 만약 구멍의 크기를 일정하게 유지한다면 캔 하나에서 물이 다 나오기까지 걸리는 시간은 같을 것이다. 그렇다면 구멍의 크기가 다르다면 어떻게 될까? 바로 여기가 비교의 출발점이다.

이렇게 직접비교, 간접비교를 통해 어떻게 임의단위를 정해야 할지를 두고 아이들은 다양한 지혜를 짜낸다. 가장 많이 하는 방법은 고개를 흔드는 것이다. 발을 구르는 아이도 있고 노래를 부르는 아이도 있다. 노래를 부를 때 1박은 거의 1초에 가깝다. 이때 노래의 1박이 임의단위다. 노래 하나를 정해두고 부르면서, 노래가 중간에 끊겼을 때보다 끝까지 다 불렀을 때가 시간이 더 길었구나, 하고 판단하는 식이다.

아이들에게 이런 생각을 하게 하려면 시간이 없는 시대로 돌아갔다고 가정하는 것도 좋다. 배가 난파하여 시계도 자도 없는 무인도에 도착한 로빈슨 크루소처럼 시간을 비교해야만 하는 상황을 연출하는 것이다.

그렇게 자나 시계가 없는 상태로 돌아가 거기서부터 직접비교, 간접비교, 임의단위, 보편단위라는 4단계를 차근차근 더듬어가야 한다. 이렇게 하면 외연량의 단위가 지니는 성격을 제대로 이해할 수 있다.

내포량

내포량에는 종류가 무척 많은데 각각에 고심의 흔적이 짙은 이름이 붙었다. 예를 들자면 속도, 밀도, 농도, 온도, 이율처럼 '도'나 '율'이라는 말이 붙어 있기에 매우 구분하기 쉽다. 이름을 붙인 사람이 내포량이라는 사실을 의식하고 붙이지 않았나 싶을 정도다. 아이들에게 내포량을 가르칠 때는 내포량 중에서 가장 전형적인 개념을 골라서 맨 처음에 가르치는 것이 좋다.

가장 전형적인 내포량은 밀도다. 밀도란 어떤 그릇에 내용물이 얼마나 차 있는지를 나타내는 것이다. 예를 들어 인구밀도란 일정한 면적 안에 사람이 얼마나 사는지를 나타내는 것으로, 그곳에 사는 사람들의 집합이다. 이것을 아이들에게 이해시킬 때 가장 큰 실마리가 되는 것이 '혼잡한 정도', '가득 차 있는 정도'다. 교통수단 안의 혼잡한 정도를 예로 들 수 있다. 얼마나 혼잡한지는 실제로 교통수단이 달리는 모습을 보면 대충 판단할 수 있다.

우선 같은 크기의 전철 1대에 50명이 탔을 때와 100명이 탔을 때, 어느 쪽이 더 혼잡한지는 금방 알 수 있다.

다음으로 여러 개의 차량이 연결된 전철이 있다고 치자. 4량이 연결된 전철에 400명이 탈 때와 7량이 연결된 전철에 800명이 타고 있을 때 어느 쪽이 더 혼잡하냐는 문제를 내보자. 단, 하나의 차량에 사람이 고르게 들어 있어야 한다. 사람이 고르게 타고 있으면 혼잡한 정도를 비교할 수 있다. 어느 쪽이 더 혼잡한지 눈으로 직접 보면 금방 알 수 있지만, 보지 않아도 판단할 수 있다.

그렇게 하면 아이들은 차량 1대당 몇 명이 타고 있는지를 보면 되는구나, 하고 생각하게 될 것이다. 1대당 몇 명인지 자연스럽게 생각해내는 것이다. 이때 어떤 계산이 적용되었을까? 바로 나눗셈이다. 1대당 몇 명이 탔는지를 구하는 것이 여기에서 말하는 밀도, 즉 내포량이다. 밀도가 혼잡도를 나타내므로, 두 전철 중 어느 쪽이 더 혼잡한지 아이들은 보지 않아도 알 수 있다.

외연량 …… +, -
내포량 …… ×, ÷

이것을 +, -, ×, ÷ 등의 숫자 계산으로 옮겨 보면 어떻게 될까. 외연량은 덧셈, 뺄셈이다. 내포량은 나눗셈이며 곱셈도 필요하다. 계산만 보더라도 당연히 외연량을 먼저, 내포량을 나중에 가르쳐야 한다. 사고의 차원에서도 외연량은 쉽고 내포량은 어렵기 때문이다.

이것도 역사적으로 말하면 수천 년 전 고대 이집트나 바빌로니아에서는 이미 외연량, 즉 길이나 부피, 면적의 단위가 생겨났다. 그러나 내포량의 단위는 훨씬 나중에 생겼다. 유럽에서 내포량의 단위가 생겨난 시기는 13세기경으로 알려져 있다. 즉 온도에서 차다, 뜨겁다를 몇 도라는 양으로 나타낼 수 있다는 사실을 그 전까지는 알아채지 못한 것이다.

밀도의 3용법

앞서 말한 바와 같이 전형적인 내포량은 밀도다. 밀도란 그릇 안에 내용물이 차 있는 정도를 나타내는 말이다. 인구밀도는 인간이 사는 그릇인 지역이라는 면적 안에 인간이라는 내용물이 얼마나 차 있는지, 즉 혼잡한 정도를 나타낸다.

밀도를 예로 들어 내포량의 기초적인 계산법을 설명해보려 한다. 앞에서 설명한 전철의 혼잡도를 예로 들어보자.

4량이 연결된 전철에 800명이 탔다면 혼잡도는 1대당 인원수로 표시할 수 있다.

요컨대 전체 인원수, 즉 내용물의 총량 800을 그릇의 개수를 나타내는 양인 4로 나누면 그릇 1개당 양이 나온다.

$$800 \div 4 = 200$$

즉

내용물의 총량 ÷ 그릇의 개수 = 그릇 1개당 양

이 되는데 이것이 밀도에 해당한다.

이것을 밀도의 제1 용법, 나아가 '도度의 제1 용법'이라고 부르기로 하자. 이는 800을 네 개의 그릇에 나누어 넣는 개념이므로 나눗셈 중에서도 등분제等分除에 해당한다(116페이지 참조).

다음으로 밀도, 즉 1개당 양과 그릇의 개수를 곱해서 내용물의 총량을 도출하는 계산이 있다.

$$200 \times 4 = 800$$

밀도×그릇의 개수=내용물의 총량

곱셈을 적용했다. 이것을 밀도의 제2 용법, 나아가 '도의 제2 용법'이라고 부르기로 하자.

다음으로 내용물의 총량과 밀도, 즉 1개당 양에서 그릇의 개수를 계산하는 방법이다.

$$800 \div 200 = 4$$

즉

내용물의 총량÷밀도=그릇의 개수

이것이 밀도의 제3 용법, 즉 '도의 제3 용법'이라고 부르기로 하자. 이 제법은 800 중에 200이 몇 개 포함되는지를 생각하는 방법이므로, 포함제包含除다(116페이지 참조).

이상의 내용을 정리하면 다음과 같다.

제1 용법 내용물의 총량÷그릇의 개수=밀도(등분제)

제2 용법 밀도×그릇의 개수=내용물의 총량

제3 용법 내용물의 총량÷밀도=그릇의 개수(포함제)

이것을 봐도 알 수 있듯이 내포량에서는 ×, ÷가 주인공으로 활약한다.

양에서 수로

다음은 양과 수의 4칙에 관해서 이야기해보자. 4칙이란 +, −, ×, ÷ 등 네 개의 계산법 즉 덧셈, 뺄셈, 곱셈, 나눗셈이다.

한편 4칙에는 두 가지 관점이 있다. 하나는 기존의 전통적인 관점인데, 모든 셈은 덧셈에서 출발한다는 사고다. 또 하나는 내가 이 책에서 말했듯이 양이 기초라는 관점이다. 이 두 관점은 엄연히 다르다.

이것은 제2장에서 '세기주의'의 설명을 보면 이해할 수 있다. 전통적인 관점은 덧셈이 뿌리에 있고, 덧셈의 반대 개념으로서 뺄셈이 등장한다. 즉, 역逆의 연산이다. 또한 곱셈을 덧셈의 반복이라고 본다.

2×3=2+2+2와 같이, 덧셈을 반복한 개념이 곧 곱셈이라는 것이다. 그러므로 곱셈은 2+2+2라고 적어도 되지만, 그렇게 쓰면 너무 길어지므로 간단하게 표기하기 위해 곱셈을 쓴다는 주장이다. 이것을 약기법略記法이라고 한다. 또 곱셈의 역으로서 나눗셈이 등장한다. 이때 나눗셈은 평균적으로 나누는 등분제다. 나아가 뺄셈의 반복을 곧 나눗셈이라고 보는 것이다.

가령 15에 3이 몇 번 들어 있느냐는 문제를 풀기 위해서는 15에서 계속 3을 빼면 된다. 그 과정에서 몇 번 뺄 수 있는지 보면 된다는 생각이다. 따라서 포함제를 뺄셈의 반복이라고 생각하면 된다는 주장이다. 전통적인 수학 교육은 이런 생각을 토대로 만들어졌다.

하지만 지금까지 내가 이야기한 방법에 따르면 덧셈, 뺄셈은 외연량으로, 곱셈, 나눗셈은 내포량으로 이어진다. 따라서 근거로 삼고 있는 양의 종류가 다르므로 오른쪽 표와 같은 형태가 된다. 즉 +, −와 ×, ÷를 일단 다른 계산법으로 보는 것이다.

외연량	$+ \xrightarrow{\text{역}} -$
내포량	$\times \xrightarrow{\text{역}} \div$

곱셈의 의미

우선 곱셈을 지금까지와는 다른 방법으로 소개해보겠다. 가령 2×3을 계산한다고 치자. 나는 '1개당' 양에 그릇의 개수를 곱해서 내용물의 총량을 계산하는 방법을 가르치도록 하겠다. 2는 1개당 양, 3은 그릇의 개수다.

2×3은 1개당 양이 2인 내용물 3개의 전체량

이라고 생각하면 된다.

예를 들어 코끼리는 1마리당 상아를 2개 가지고 있다. 코끼리 3마리의 상아는 모두 합쳐 몇 개인지를 구하는 문제에서 답을 나타내는 식은 2×3이라고 생각해야 한다. 혹은 토끼는 1마리당 귀를 2개 갖고 있다. 그렇다면 토끼 3마리의 귀는 총 몇 개인가? 하는 문제를 만들 수 있다. 토끼 3마리의 전체 귀 개수는 곧 2×3이라고 생각할 수 있다.

2×3

방금 우리는 곱셈의 의미를 정했다. 수학에서는 이것을 정의라고 부르는데, 우리가 정한 곱셈의 정의에서 덧셈은 조금도 사용되지 않았다. 2+2+2라는 덧셈을 이용해 곱셈을 하는 것은 셈 자체로서는 전혀 지장이 없지만, 곱셈의 본래 의미가 아니라는 사실을 확실히 구별해두기 위해서다.

실제로 토끼 1마리당 귀가 2개 있을 때 3마리면 어떻게 계산하는가 하는 문제를 아이들에게 내면, 처음 수업에서는 분명 2+2+2로 계산하는 아이도 있다. 개중에는 3+3으로 계산하는 아이도 나온다. 왜 그렇게 했는지 아이에게 물으니, 자기는 왼쪽 귀만 보니 3개 있었고, 오른쪽 귀도 3개 있었으니 3+3이라고 답했다. 어떤 아이는 토끼 그림을 실제로 그린 후에 1, 2, 3, 4,……하며 귀를 세기도 한다. 이 모든 방법이 옳다고 생각한다. 아이들이 뜻을 확실히 이해하고 있기 때문이다. 다만 계산의 수단이 다를 뿐이다. 이렇게 계산의 수단과 곱셈의 의미를 분리해야 한다. 그러면 처음에 말한 대로 아이들이 이해하기 쉽고, 지도 방법에 발전성이 생긴다.

곱셈을 덧셈의 반복, 즉 누진이라고 가르치면 아이들은 나중에 벽에 부딪힌다. 아이들의 뇌리에는 맨 처음에 배운 내용이 강하게 남기 때문에 아이들은 그것에 집착한다. 물론 2×3은 덧셈을 반복하여 답을 구할 수 있고, 4×5도 그런 방법으로 계산할 수 있다. 하지만 결국 2학년에 올라가면 발목을 잡는 계산이 나온다. 바로 2×1이다. 이것은 덧셈을 전혀 하지 않고, 심지어 답은 2가 나오므로, 아이들은 2×1에서 막혀 버린다. 어른이 보면 쉬운데 아이는 덧셈을 할 수 없다는 사실과 곱셈을 했으니 답이 원래보다 커져야 한다는 생각 사이에서 혼란에 빠진다.

하지만 양에 기초한 방식으로 가르치면 2×1은 토끼가 1마리밖에 없으니 우리가 구하는 것은 토끼 1마리의 귀의 개수니까 답은 2라는 사실을 금방 알 수 있다.

그리고 전통적인 방식에서 가장 곤란한 것은 2×0이다. 2×0을 보면 아이들은 덧셈을 해야 한다고 생각하고 있는데, 덧셈을 하지 못할뿐더러 정답을 보니 원래 수보다 줄어든 0이다.

이 또한 양을 기초로 한 사고방식으로 보면 너무나 간단하다. 0은 토끼의 숫자다. 즉 토끼가 없으니 귀도 없는 셈이다. 그러므로 2×0=0 하고 금방 답이 나오니 벽에 부딪히지 않고 가뿐히 풀 수 있다.

분수의 곱셈

이렇듯 양에 기초한 계산 방식이 훨씬 앞선 방법이므로, 분수의 곱셈도 아이들의 발목을 잡지 않고 순조롭게 가르칠 수 있다. 가령, 1m당 500엔 하는 천이 있다. $\frac{3}{4}$ m는 얼마인가? 하는 문제를 냈을 때 아이들은 $500 \times \frac{3}{4}$ 이라는 사실을 금방 알 수 있다. 그렇다면 실제로 답을 구할 때는 어떻게 해야 할까? 우선 $\frac{1}{4}$ 을 내기 위해서는 4로 나누면 된다. 그리고 $\frac{3}{4}$은 $\frac{1}{4}$의 3배니까 3을 곱하면 된다는 것도 아이들은 금방 이해한다. 이것은 덧셈과 연관 짓지 않고 곱셈을 정의해두었기에 가능한 일이다. 곱하기 $\frac{3}{4}$이라는 셈은 덧셈과는 아무런 상관이 없다.

실제로 기존의 전통적인 산수 교육에서 가장 어렵고, 아이들 또한 잘 걸려 넘어지는 부분이 분수의 곱셈과 나눗셈이다. 아이들이 분수의 곱셈을 이해하지 못하는 이유는 초등학교 2학년 때 곱셈을 덧셈의 반복으로 가르쳤기 때문이다. 그런데 곱하기 $\frac{3}{4}$은 덧셈을 사용하지 않는 계산이므로 당연히 아이들이 당황할 수밖에 없다.

언어의 차이

영어에서 '곱하기'는 multiply인데, 이 단어에는 '곱한다'와 함께 '늘어난다'는 의미도 있다. multi라는 말은 many, 즉 많아진다는 뜻이다. "생육하고 번성하여 땅에 충만하라"는 성경 구절이 있는데, 영어 성경에서는 '번성'에 multiply라는 단어가 쓰였다. 따라서 분수의 곱셈을 할 때 유럽의 언어는 적절하지 않다. 하지만 일본어의 '곱하다'는 늘어난다는 의미는 없다. '8掛け'(掛け는 곱하기라는 뜻이나, 8掛け는 8할을 의미한다-역자 주)라는 말도 있는데, 이는 곱한다는 말을 썼지만 오히려 원래보다 적은 양이다. 일본어에서 곱하기는 양이 줄어도 전혀 이상하지 않다. 결국 이 혼란은 일본어의 좋은 점을 버리고 영어 multiply의 의미를 무분별하게 받아들였기에 일어난 셈이다.

어른 중에도 초등학교에 들어갔을 때는 산수가 정말 좋았는데, 분수의 곱셈과 나눗셈이 나오자 갑자기 싫어졌다는 사람이 많다. 2학년 때는 덧셈의 반복이라고 가르쳐놓고 5, 6학년이 되면 2학년 때 가르친 것을 잊어달라는 격이다. 이것은 전적으로 가르치는 사람에게 책임이 있다.

실은 이 문제에서 후지사와 리키타로의 '세기주의'는 완전히 벽에 부딪히고 만다. 분수의 곱셈을 아이들에게 제대로 가르칠 방법이 없기 때문이다. 그래서 분수의 곱셈이 나오면 검정 표지 교과서는 무턱대고 공식으로 가르쳤다. 분수를 곱할 때는 분모로 나누고 분자를 곱하면 된다고 주입식으로 가르치고 아이들에게 암기하게 했다. 하라는 대로 하면 되니, 계산은 바로 가능하다. 하지만 정작 구체적인 장면에서 이 계산을 적용할 수가 없다. $\times \frac{3}{4}$ 이라고 쓰여 있으면 풀 수 있어도, $\times \frac{3}{4}$ 이라는 곱셈을 어떤 문제에 적용하면 좋을지, 정의 자체를 주입 받았기에 알 도리가 없다. 아이들이 머리가 나빠서가 아니라, 산수의 기본적인 원칙을 잘못 전달했기 때문이다. 이러한 잘못을 우리 아이들이 고스란히 떠안게 된다.

양의 관점에서 수의 계산을 바라보면 우선 덧셈, 뺄셈의 세계와 곱셈, 나눗셈의 세계는 별개라고 생각하고 나중에 서로를 연관 짓는 것이 좋다. 그리고 나눗셈은 등분제를 기초로 하여 발전시키는 편이 낫다. 자세한 내용은 제2장의 수에서 다루도록 하겠다. 지금은 양의 다양한 성질을 바탕으로 수의 4칙 연산을 도출해내는 방법에 관해 이야기하고 있으니 말이다.

도와 율

앞서 말한 방법만 따르면, 초등학교 수준에서 다뤄야 할 양의 핵심을 이해시킬 수 있을 것이다. 다만 여기에서 주의해야 할 점은 마지막의 내포량이 도度와 율率로 나뉜다는 사실이다.

실제로 반드시 일치하진 않지만 도란 대개 어떤 그릇 속에 내용물이 분포하고 있을 때, 얼마나 혼잡한지를 정도로 나타낸 것을 말한다. 우선 밀도가 그렇다. 속도란 시간 속에 분포된 길이를 가리키는 개념이다. 온도도 실제로는 열량이 분포하고 있다고 생각하면 좋겠지만, 열량은 좀 더 어려운 개념이다.

한편 율이란 용기 속에 무언가가 들어 있는 개념이 아니라, 같은 종류의 두 가지 양을 비교하여 나온 비율로 정해진다.

가령 이율이란 돈으로 돈을 나눈 것이다. 확률에도 역시 율이라는 이름이 붙어 있다. 농도에도 도라는 이름이 붙었지만 사실 농도는 율이다. 농도는 몇 그램 속에 몇 그램이 녹아 있는가를 나타낸다. 그램을 그램으로 나누어 나온 답은 단위 없는 숫자일 뿐이다. 이것을 율이라고 부른다.

언뜻 율이 더 쉽게 보이지만 실제로는 도가 더 쉽다. 도는 그릇 안에 내용물이 들어 있을 때의 혼잡한 정도를 나타내므로 머릿속으로 떠올리기가 더 쉽다. 그러므로 아이들에게 가르칠 때는 도를 먼저 가르친 후에 율을 가르치는 순서가 바람직하다.

고급 개념의 양

지금까지 이야기한 것은 주로 초등학교에 나오는 초급 수준의 양으로, 양의 기초라 할 수 있다.

물론 이러한 기초적인 양보다 고급 개념의 양이 많이 있다. 가령 물리학에 등장하는 힘, 운동량, 에너지, 작용 등의 양, 나아가 인구, GNP, 경제성장률 등과 같은 사회학에서 사용되는 양이 그렇다.

이처럼 양의 세계는 실로 다채롭다. 새로운 양이 만들어지는 과정은 생각보다 간단하다. 왜냐하면 '새로운 양은 지금까지 알려진 양에 곱셈 혹은 나눗셈하면 도출되는 경우가 많기 때문'이다.

가령 속도라는 양은 거리÷시간이라는 나눗셈으로 새롭게 창출된 것이며, 면적이라는 양은 거리×거리라는 곱셈을 통해 생겨난 개념이라 할 수 있다. 마찬가지로 에너지라는 양은 힘×거리라는 곱셈을 통해 창출된 양이다.

즉 곱셈과 나눗셈은 이미 알려진 양에서 점점 새로운 양을 탄생시키는 힘을 가진 계산법이라 할 수 있다.

그러나 덧셈과 뺄셈은 같은 종류 사이에서 이루어지는 계산법이다. 덧셈이나 뺄셈을 통해 새로운 양이 생겨나지는 않는다. 덧셈, 뺄셈에는 새로운 양을 탄생시킬 힘이 없기 때문이다.

이러한 점만 보아도 덧셈과 뺄셈, 그리고 곱셈과 나눗셈을 구별하는 이유를 이해할 수 있으리라. 덧셈을 통해 다른 연산을 도출하려는 전통적인 사고는 벽에 부딪히고 말았다.

전통적인 산수 교육에서는 초속 4m로 날아가는 사물이 3초간 얼마나 움직이는지를 계산할 때

$$4\text{m/sec} \times 3\text{sec} = 12\text{m}$$

라는 식을 세우는 것이 금지되어 있었다. 곱셈이 덧셈의 반복이라면, 위 식은 아무것도 설명해줄 수 없기 때문이다. 하지만 지금까지 설명한 새로운 곱셈의 의미로 생각하면 지극히 자연스럽게 이해할 수 있는 식이다.

심지어 이런 계산은 중학교나 고등학교에서 배워야만 한다. 이렇듯 단위를 붙여 양을 표시하는 방법은 매우 합리적이고 다양한 면에서 두뇌 낭비를 줄여준다.

단위 환산 등이 그 예다.

가령 5㎡는 몇 ㎠인가 하는 문제가 있다고 하자. 5㎡의 m, 즉 1m의 지점에 그냥 100㎝를 대입하면 된다.

$$5\text{㎡} = 5(100\text{㎝})^2 = 5 \times 100 \times 100\text{㎠} = 50000\text{㎠}$$

라는 식이 된다.

또 8㎞/h의 속도가 초속 몇 m인지를 계산할 때는 ㎞ 대신 1000m, h 대신 3600sec를 그대로 대입한다.

$$8\text{㎞/h} = 8 \cdot 1000\text{m}/3600\text{sec} = \frac{8000}{3600}\text{m/sec}$$

라는 식이 된다.

이처럼 단위 표시는 환산할 때 암기하는 수고를 덜어준다.

다차원의 양

양은 중학교부터 계속 발전해나간다. 이것을 다차원의 양이라 부른다. 아이들의 신체검사표를 예로 들어보면, 이 표에는 신장, 체중, 가슴둘레, 기타 여러 가지 정보가 기록되어 있다.

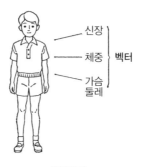

다차원의 양

신장만 보면 그것은 하나의 양이다. 신장은 아이들의 속성 중하나를 나타낸다. 체중과 가슴둘레도 마찬가지다. 이처럼 대부분의 양은 어떤 대상을 모두 다른 측면에서 본 속성이므로, 아이들의 체격은 이런 하나하나의 양을 뭉뚱그린 다차원의 양이라고 말하는 편이 더 이해하기 쉽다. 이것은 3차원의 양에 해당한다.

지금까지 우리는 1차원의 양을 배웠다. 다만 1차원의 양을 종합하여 생각하면 다차원의 양이 된다. 이것을 벡터라고 한다. 즉벡터란 '신장, 체중, 가슴둘레'와 같이 여러 개의 양을 종합한 것이다.

벡터와 행렬

지금까지는 벡터라 하면 화살표를 가리켰지만 여기에서는 화살표보다는 다차원의 양이라고 생각하는 것이 좋다. 그편이 훨씬 발전성이 크고, 넓고, 이해하기 쉽다.

신체검사표에는 검사 항목이 많다. 항목을 보면 체격뿐 아니라 체질까지 알 수 있다. 폐활량이라든가 악력 등 다양한 항목을 합치면 3차원이 아니라 6차원, 8차원까지 확장한다. 어떤 물체의 다양한 측면을 나타내는 여러 가지 양을 열거하는 것을 다차원의 양이라고 간주하며, 수학에서는 이것을 벡터라고 한다.

신문에는 야구 경기 기록이 실린다. 각 선수가 친 타수가 얼마이며, 안타는 몇 번 쳤으며, 타점은 얼마인지 기록되어 있다. 경기 기록표는 그 선수의 성적을 나타내는 다차원의 양이다. 다시 말해 벡터라고 봐도 무방하다. 타수, 안타, 타점, 삼진, 사사구 등 수많은 양을 종합적으로 고려한 결과 다카다 선수의 벡터는 '4, 1, 0, 0, 1'이다. 다른 선수는 또 다른 벡터를 지닌다. 벡터를 나열하여 만들어진 직사각형의 숫자 조합을 매트릭스matrix라고 한다. 야구 기사에는 이런 매트릭스가 실린다.

결국 벡터나 행렬은 양에 기초한다. 벡터나 행렬에 관한 대수를 선형대수라고 한다. 이 개념은 고등학교 수학에 나온다. 지금까지

【요미우리】		타수	안타	타점	삼진	사구	
[좌익수]	다카다	4	1	0	0	1	41001
[우익수]	시바타	4	1	0	0	1	41001
[일루수]	오	5	1	2	1	0	51210
[삼루수]	나가시마	2	1	0	1	3	21013
[중견수]	스에쓰구	4	2	4	1	1	42411
[유격수]	구로에	3	1	0	0	0	31000
대타	하기와라	0	0	1	0	0	00100
유격수	우에다	0	0	0	0	0	00000
[이루수]	도이	4	0	0	0	0	40000
[포수]	모리	4	1	1	0	0	41100
[투수]	호리우치	4	0	0	2	0	40020

배운 대수학은 주로 하나의 양에 관한 것이었지만, 벡터나 행렬은 다양한 양을 조합한 개념에 대한 대수다. 이것은 조금 복잡하지만 결국 밑바닥에 깔린 개념은 양이다.

제2장
수

일대일 대응

일대일 대응이라는 개념을 통해 처음으로 분리량의 개수라는 개념이 생겨난다.

분리량에서 나온 정수라는 개념은 일대일 대응이라는 과정을 통해 비로소 분명해진다. 일대일 대응이란 무엇일까? 가령 방에 의자가 여럿 있다고 치자. 이것은 하나의 집합이다. 그리고 같은 방에 아이들이 있다. 따라서 의자의 집합과 아이들의 집합이 있는 셈이다. 이제 한 사람씩 의자 하나에 앉는다. 아이들의 집합과 의자의 집합이 일대일 대응을 이루게 된다. 두 명이 한 의자에 앉으면 이대일 대응이지만, 한 사람이 한 의자에 앉았으므로 이것을 일대일 대응이라고 해야 한다.

이처럼 하나하나를 짝지어 비교하는 것이 일대일 대응이다. 이것은 우리가 다양한 장면에서 경험하는 일이며, 또 일상에서 무의식적으로 일어나는 일이다.

한 사람 한 사람에게 차를 내는 일은 사람의 집합과 찻잔의 집합이 일대일 대응을 이루는 셈이다. 이때 차를 내준 사람은 일대일 대응을 행한 것이다.

집합이란 사물만의 집합을 가리키는 것은 아니다. 추상적인 것의 집합이라도 좋다. 가령 요일의 집합(일, 월, 화, 수, 목, 금, 토)을 예로 들어보자. 우리 머릿속에는 1, 2, 3,······이라고 기억된 숫자 말의 집합이 있다. 이 숫자 말의 집합과 의자의 개수를 1, 2, 3,······이라고 세는 행위는 다시 말해 숫자 말과 의자를 일대일 대응시키는 것이다. 즉 1, 2, 3, 4, 5라는 숫자 말은 머릿속에 새겨져 있는 말의 집합과 의자의 개수가 일대일 대응한다는 사실을 나타낸다. 사실 숫자를 세는 행위 자체가 이미 일대일 대응이다. 이것이 수라는 개념의 가장 중요한 출발점이다.

의자의 집합과 아이들의 집합은 원래 이질적이다. 양쪽 모두 5개 있다고 말하기 위해서는 일대일 대응이라는 과정이 필요하다. 대상과 숫자 말이 완벽히 일대일 대응을 이루고, 넘침도 부족함도 없이 딱 떨어지는 상황일 때 5라는 공통의 이름을 부여한다. 이것이 5라는 숫자의 뿌리다.

이런 방식으로 의자의 집합과 아이들의 집합, 혹은 아이들과 모자의 집합, 비가 와서 우산을 가져왔다면 아이들과 우산의 집합도 모두 '5'와 같은 이름을 갖는다. 일본에서 일가족이 같은 성을 가지는 것도 같은 맥락이다. 이것은 '5'라는 같은 성을 가진 가족과도 같다.

이를 기수라고 한다. 기수란 일대일 대응이 가능한 집합에 공통의 이름을 부여한 것이다.

칸토어의 집합론

집합론은 19세기 후반에 게오르크 칸토어Georg Cantor(1845~1918년)라는 수학자가 창시했다. 칸토어는 일대일 대응이라는 사고를 통해 무한집합의 개수를 생각하는 데 성공했다. 유한집합에서는 거창한 집합론 따위는 필요 없지만, 칸토어는 무한집합에 개수를 적용하여 개념을 확장했다.

기수란 집합의 개수라 해도 좋다. 분리량은 일대일 대응하면 명확해진다. 그러므로 아이들에게는 충분히 시간을 들여 일대일 대응이 무엇인지 이해시킬 필요가 있다.

가령 인형의 집합이 있다고 하자. 모든 인형에 옷을 입히는 행위는 인형의 집합과 옷의 집합을 일대일 대응시키는 것이다. 급식 때 모든 아이에게 그릇을 나눠 주는 행위가 바로 일대일 대응이다.

물론 일대일 대응을 할 수 없을 때도 있다. 의자는 5개 있는데 아이는 3명뿐인 경우다. 의자와 아이를 일대일 대응하면 의자가 남는다. 의자의 개수보다 아이의 개수가 적다. 우수리가 있는 쪽이 크고 우수리가 없는 쪽이 작다는 뜻이다.

바로 여기에서 크다, 작다는 사고가 싹튼다. 즉 넘침과 모자람이 발생하면 우수리가 있는 쪽이 크다는 생각을 하게 된다는 것이다. 아이의 집합을 3이라고 하고 의자의 집합을 5라고 하면, 5는 3보다 크고 이것을 5 > 3이라는 기호로 쓴다.

등호와 부등호는 매우 이해하기 쉬운 기호다. 큰 것과 작은 것을 나란히 두면 아래의 그림이 된다. 같다면 아래 그림이 되므로 등호=이다.

집합에는 큰 것과 작은 것이 등장한다. 1968년도에 내놓은 학습 지도 요령에는 부등호, 즉 크고 작음을 나타내는 기호를 도입

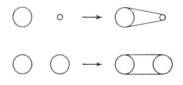

부등호, 등호

하도록 명시되어 있다. 그 전까지 초등학교 과정에는 들어 있지
않았기 때문이다.

의자의 집합을 하나로 묶기 위해 {⊢}라는 기호를 쓴다고 치자.
의자에 5라는 이름을 붙이고 아이에게 3이라는 이름을 붙였다.
그리고 둘을 일대일 대응시키면 의자가 두 개 남기에, 크고 작은
순서를 정할 수 있다.

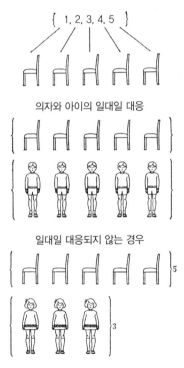

{ 1, 2, 3, 4, 5 }

의자와 아이의 일대일 대응

일대일 대응되지 않는 경우

우수리가 생기는 쪽이 크다.
대소의 관계가 생긴다.
5>3

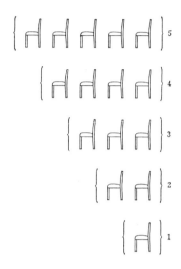

위와 같이 1, 2, 3, 4,……라고 이름을 붙이면 이들 기수 간에 크고 작음의 순서가 정해지므로,

$$1 < 2 < 3 < 4 < \cdots\cdots$$

와 같이 끝도 없이 이어진다. 물론 1보다 크고 2보다 작은 기수는 없다. 또 2와 3, 3과 4……사이에도 없다.

서수

기수는 일대일 대응시키면 1보다 2가 크고, 2보다 3이 크다. 혹은 더 크다, 더 작다는 순서가 생긴다. 기수를 $1 < 2 < 3 < 4 < \cdots\cdots$ 로 죽 늘어놓으면 이 숫자는 몇 번째구나, 하는 생각을 하게 된다. 이것이 서수다.

이로써 기수와 서수라는 두 가지 사고가 생겨났다. 나는 기수를 먼저 다룬 후에 서수를 다루는 편이 낫다고 본다. 한편 '세기주의'에서는 서수를 먼저 다룬다. 1, 2, 3이라는 숫자 말의 순서부터 시작한다.

기수는 분리량에서 생겨났다. 즉 양에서 시작해 기수가 나오고, 그곳에서 대소가 생겨나고 서수가 나온다. 나는 이 순서로 가르쳐야 한다고 생각한다.

유럽의 산수 교육에서는 기수와 서수를 까다롭게 구분한다. 하지만 일본어의 특성에서 볼 때 그렇게까지 엄격하게 구별할 필요는 없다. 일본어에서 기수와 서수는 거의 구분되지 않는다. 일본어에서는 기수의 1, 2, 3,······에 1번째, 2번째······라고 '번째'라는 말을 붙이면 서수가 된다.

유럽에서 서수를 까다롭게 구분하는 이유는 기수와 서수를 나타내는 말이 완전히 다르기 때문이다. 기수는 one, two, three지만 서수는 first, second, third다. third가 three에서 파생했다는 사실은 알 수 있지만 first는 one과 아무런 연관이 없어 보인다. two와 second도 마찬가지다. 이처럼 전혀 다른 말을 사용하고 있으므로, 당연히 서수라는 개념을 까다롭게 구분할 수밖에 없는 것이다. 초등학교 저학년의 산수 교육은 그 나라에서 사용하는 언어를 무시하면 특징을 파악하기 힘들다. 이런 점에서도 일본어가 유럽어보다 합리적이라고 생각한다. 이는 프랑스어도 마찬가지다. premier라는 단어는 un과는 전혀 다른 글자다. 독일어의 erst도 마찬가지다.

이처럼 이유는 알 수 없지만 유럽인은 수에 관해서만큼은 불합

리한 언어를 사용하고 있다. 굳이 일본인이 그것을 흉내 낼 필요
는 없다.

구잔과 구차

아이들이 기수와 서수를 확실히 구별할 수 있게 하려면 다음과
같은 방법으로 가르쳐야 한다.

가령 다음에 있는 사과의 개수를 알기 위해서는 일반적으로 어
른이 하듯이 한 손으로

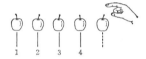

라고 세면 이것은 서수가 된다. 즉 아이들은 사과 하나하나를
1, 2, 3, 4,……라고 생각해버리는 것이다.

이때 기수라는 사실을 철저하게 가르치려면 그림처럼 양손으로
감싸듯이 세야 한다.

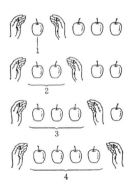

이렇게 하면 1, 2, 3, 4,……가 각기 양손으로 감싼 분리량이며, 기수라는 사실을 아이들도 금방 이해할 것이다.

예를 하나 들어보자. 남자아이가 5명 있고 여자아이가 3명 있다. 남자아이는 여자아이보다 몇 명 더 많은지를 묻자 어떤 아이가 5−3=2라고 대답했다. 그러자 다른 아이가 '남자아이에서 여자아이를 뺄 수는 없어요'라고 의문을 제기했다.

그 아이의 의문은 당연하다. 뺀 나머지를 구하는 것, 즉 구잔만 가르친 단계에서 이런 문제를 내면 당연히 그런 의문이 생기기 마련이다. 빼기라는 말의 어감에서 보면 이것은 어디까지나 구잔이다. 빼기는 나머지를 구하는 것이라고 생각하는 아이로서는 이상할 수밖에 없다.

이것은 의자를 예로 들어도 마찬가지다. 의자가 5개 있고, 아이가 3명 있다. 의자는 아이보다 몇 개 많은지 물으면 의자에서 아이를 어떻게 빼느냐는 의문이 들 수밖에 없다.

빼기라는 말은 빼서 없애는 것이므로, 이것은 처음부터 구잔이다. 한편 차를 구하는 구차와는 확실히 구별해야만 한다.

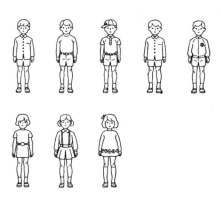

구차를 어떻게 가르치면 좋을까. 우선 남자아이와 여자아이의 손을 잡게 하여 일대일 대응시킨다. 그리고 여자아이와 손을 잡은 남자아이를 남자아이 전체에서 빼는 것이다. 일대일 대응시킨 후 대응된 것을 빼는 식이다. 그러므로 구차는 일대일 대응과 구잔을 조합한 것이다.

이런 개념을 확실히 가르치지 않으면 아이의 의문을 해소할 수 없다. 기존의 산수 교육에서는 구잔과 구차를 뒤죽박죽으로 가르쳤다.

수의 세계만 생각하면 같은 뺄셈이라도, 구체적인 장면에 들어가면 세세한 차이가 있다. 이때 의문을 품은 아이를 방치하면 그 아이는 점점 산수와 멀어지게 된다. 그러므로 구잔을 가르친 다음 구차를 가르쳐야 한다.

수사와 숫자

초등학생에게 수를 가르칠 때 언제나 처음으로 나오는 문제가 숫자 읽기다. 구체적으로는 수사와 수를 나타내는 글자, 즉 숫자다.

그러나 수사는 국가나 민족에 따라 꽤 다르다. 수사가 다를 뿐 아니라 원리와 숫자도 다르다. 몇십만 년 전 인류가 이 지구에 나타나, 점점 진화하여 현재의 인간이 되는 과정 중 어느 시점에 수라는 개념을 깨달았는지는 알 수 없다. 기록도 남아 있지 않으며, 그저 머릿속으로 생각한 개념이니 토기 같은 유물에도 증거가 남아 있지 않다.

하지만 인간에게 수라는 개념이 반드시 필요해진 시기는 인간이 계획적인 생활을 시작하면서부터일 것이다.

나무 열매를 주워 먹고 자연에 나 있는 것을 그냥 채집하고 사냥을 하던 구석기시대에는 수가 크게 필요하지 않았을 것이다.

그러나 인류는 점차 계획성을 지닌 신석기시대로 옮겨가게 되었다. 식물 중에서 쌀이나 보리와 같은 식용 식물을 발견했고, 씨앗을 계획적으로 재배하여 식량을 만드는 농업이 발달했다. 나아가 사냥보다는 짐승을 계획적으로 기르는 목축이 시작되면서 아마도 수라는 개념의 필요성이 커졌을 것이다.

인간이 따로따로 살지 않고 커다란 마을을 이루며 집단생활을 하게 되고, 수렵과 같은 집단 행동을 하게 되면 아무래도 계획성이 생겨난다.

또한 농업에서 얻은 곡물을 저장하기 위해서는 어느 정도 계산이 필요할 터이다. 겨울을 나기 위해서 식량이 얼마나 필요한지, 혹은 기르는 양을 몰고 풀을 뜯기려 할 때 몇백 마리인지, 돌아올 때 한 마리라도 길 잃은 양이 없는지 확인해야 한다. 이런 상황이라면 역시나 수라는 개념이 필요하다.

이렇듯 문명이 진보함에 따라 당연히 수가 필요해졌고, 필요가 커짐에 따라 점점 더 큰 수를 사용하게 되었다. 또한 연속량을 다루게 되면서 정수뿐 아니라 소수나 분수와 같은 고급 수가 필요해졌다. 수는 어떤 의미에서는 문명의 진보를 재는 척도라고도 할 수 있다.

미개인의 수사

지금 인간이 어떤 과정에서 수라는 개념을 획득해왔는지를 아는 하나의 열쇠가 있다. 바로 현재 세계 각지에 있는 미개민족이 수를 어떻게 받아들이고 있는지를 알아보는 것이다.

미개민족이 수를 헤아리는 방법 중에는 가령 1, 2, 3,……을 인간의 몸에 대응시켜 세는 방식이 있다. 1은 눈, 2는 코, 3은 입, 4는 귀와 같은 식으로 몸의 각 부분에 수를 대응시켜 헤아린다. 이것은 가장 원시적인 방법이라 할 수 있다.

뉴기니에 사는 한 종족의 숫자 말은 오늘날의 2진법인 곳도 있다.

가령 어느 종족에서는 1을 케야프keyap, 2를 폴리트pollit, 3을 폴리트 케야프, 4를 폴리트 폴리트라고 한다. 이처럼 1, 2가 반복된다. 이것은 수를 셀 때 두 개씩 묶는 2진법의 싹이라 할 수 있다. 오늘날 컴퓨터에 사용되는 것이 바로 이 2진법이다.

또한 아프리카 등지에서는 5진법이 꽤 많이 쓰인다. 5진법은 손가락이 기본이다. 인간이 5개의 손가락을 가지고 있다는 사실은 수학으로서는 완전히 우연이다. 왜 손가락이 5개인지는 생물학자가 규명할 문제일 것이다. 만약 인간의 손가락이 여섯 개라면 분명 6진법이 발달했을 것이다.

그다음으로 나온 것이 10진법이다. 10진법은 양손가락 개수가 기본이다. 이것이 오늘날 많은 나라의 숫자 말의 뿌리가 되었다. 다만 현대 문명국의 수사가 모두 10진법인가 하면 절대 그렇지 않다. 이러한 현실은 수학교육에서 꼭 한번 생각해보아야 할 문제라 할 수 있다.

유럽의 수사

일본인에게는 유럽이 선진국이므로 무엇이든 일본보다 앞서 있을 거로 생각하는 습관이 있다. 물론 많은 부분이 앞서 있는 것은 사실이지만 숫자 말은 놀라우리만치 비합리적이다. 이처럼 비합리적인 숫자 말을 가진 국가의 숫자 세는 법을 여과 없이 일본에 가지고 들어오면 오류가 발생한다.

영어를 예로 들면 1에서 10까지는 one, two, three……ten이다. 여기까지는 그렇다 치고 그다음 11을 생각해보자. 일본인의 사고로 11은 ten-one, 12는 ten-two라고 하면 좋을 것 같은데 영어에서는 eleven, twelve라는 전혀 다른 말을 쓴다. 이런 숫자 말을 배우는 영어권 아이들은 처음에 수를 배울 때 무척 애를 먹는다.

6+5가 얼마인지 계산할 때 머릿속에서 10과 1이 떠올랐다면 일본 아이는 곧바로 '11'이라고 말하면 되지만, 영국이나 미국 아이는 ten-one이라고 대답하면 틀리기 때문에 eleven이라고 고쳐 말해야 한다. 이런 불합리한 예는 수없이 많다. 12는 twelve지만 13은 thirteen. thirteen에서 teen은 ten이 길어진 것이므로 three-ten이 되어 1의 자리부터 먼저 읽고 10을 나중에 말하는 셈이다. '3, 10'이라고 말하는 것과 마찬가지다. 또 fourteen, fifteen, 그리고 nineteen까지 이어진다. 이것은 미국과 영국의 아이들에게 큰 부담을 지울 뿐 아니라 아이들을 혼란에 빠뜨린다. 30은 thirty지만 thirty와 thirteen은 헷갈린다. 실제로 교실에서 두 단어를 혼동하는 일이 가끔 일어난다고 한다.

프랑스어나 독일어도 비합리적이기는 마찬가지다. 이러한 비합리적인 숫자 말을 지니기에 유럽에서는 곱셈의 '구구단'이 리듬이 살아 있고 부르기 쉬운 노래가 될 수 없다.

일본에서는 '구구단' 중 한 단을 죽 외면 리듬 좋은 노래처럼 들린다. 숫자 말이 간결하고 합리적이기 때문이다. 유럽의 언어에서는 '구구단'이 노래가 될 수 없기에 유럽 사람은 곱셈의 '구구단'을 암기하지 않는다고 한다.

영어는 21부터는 twenty-one, twenty-two……라고 읽으니 비교적 합리적이지만 독일어는 더욱 비합리적이다. 독일어는 20부터 셀 때 einundzwanzig, 즉 '1과 20', zweiundzwanzig '2와 20' 이런 식으로 1의 자릿수를 먼저 말한다. 이런 방법으로 99까지 센다. 그렇다면 100 다음부터 어떻게 셀까? 가령 234는 zweihundert vierunddreißig이라고 말하는데, '200과 4와 30'이라는 뜻이다. 따라서 독일의 산수 교육은 힘들다. 2-4-3처럼 이쪽에 갔다 저쪽에 갔다 갈팡질팡한다. 하지만 언어란 오랜 습관이므로 고치려 해도 고쳐지지 않는다.

프랑스는 어떨까? 프랑스어에는 또 다른 어려움이 있다. 20진법이 들어와 있기 때문이다. 80을 quatre-vingts이라고 한다. vingt는 20이다. quatre가 4니까 이것은 '20이 4개'라는 뜻. 90은 quatre-vingts-dix, '20이 4개 그리고 10'이라고 표현한다. 이 방법은 무척 어려워서 프랑스의 아이들은 초등학교 1학년 때 바로 난관에 부딪힌다.

제2차 세계대전이 끝나고 프랑스에서는 20진법을 어떻게든 고쳐보려고 80을 octante, 90은 nonante라는 말로 바꿨다.

octante, nonante는 옛날 프랑스어에 있던 말인데 현재도 프랑스의 극히 외진 일부 지역에 이런 수사가 남아 있다고 한다. 따라서 그 말을 부활시켜 프랑스 전체 아이들에게 가르치려 했다. 그러나 열심히 가르쳤음에도 좀처럼 고쳐지지 않았다. 요즘에는 새 숫자 말을 가르치기를 포기하고 원래 방법대로 가르친다고 한다. 아이들은 백지 상태라 금방 배웠지만 아무리 애써도 어른들이 고쳐지질 않았다고 한다. 서장에서 수학교육은 매우 보수적이라고 했는데, 프랑스의 이 예는 그것을 잘 보여준다.

자칫 유럽 사람이 모든 면에서 합리적이라고 생각하기 쉽지만 숫자 말에 대해서는 안타까울 정도로 비합리적이다. 이탈리아어나 러시아어 등 유럽어는 모두 그렇다.

그러니 일본의 어린이는 얼마나 운이 좋은가? 그 이유는 물론 중국어를 받아들였기 때문이다. 아마도 세계에서 가장 합리적인 숫자 말을 지닌 말은 중국어일 것이다. 일본어보다 더 합리적이라 할 수 있다. 중국어에서 150을 나타낼 때는 1백5십이라고 쓴다. 150의 1을 확실히 언급한다. 이것은 산수 교육을 위해 매우 좋다. 일본에서 150은 1을 빼고 '白五十'이라고 쓴다. 1500도 마찬가지다. 다만 일본어에서도 만 단위가 되면 1만5천이라고 말한다. '만5천'이라고는 하지 않는다.

이 합리적인 중국어의 수사를 들여온 일본은 이런 점에서는 운이 좋았다. 우선 지금까지 말한 것들을 주의하도록 하자. 수사가 다르면 초등학교 저학년의 산수 지도법에는 상당히 차이가 생기기 때문이다.

암산과 필산

특히 초등학교 저학년의 숫자 세기 방법을 생각하면 가장 처음에 해결해야 할 문제는 암산을 중심으로 할 것인가, 아니면 필산을 중심으로 할 것인가다. 이 문제가 수학 교육의 최대 분기점이다. 세계 각국의 산수 교육 방식을 크게 분류해보면 암산 중심 국가와 필산 중심 국가 이렇게 둘로 나뉜다.

암산을 중심으로 하는 국가는 지역적으로 보면 독일, 동유럽, 러시아 등 독일을 기준으로 동쪽에 있는 나라들이다. 필산을 중심으로 교육하는 나라는 영국, 프랑스 등의 서유럽 국가다. 왜 독일을 기준으로 동쪽이 암산 중심이 되었을까? 바로 페스탈로치 Pestalozzi(18세기 스위스의 사상가이자 교육개혁가-편집자 주)의 영향을 받았기 때문이다.

암산과 필산은 어떤 면에서는 경계가 흐릿하여, 어디까지 암산이라 하고 어디까지 필산이라 할지 불확실한 면이 있다. 사람에 따라서 암산과 필산의 경계를 구분하는 방법이 조금씩 달라지기도 한다.

가령 서장에서 말한 검정 표지의 3학년 교과서에 다음과 같은 문제가 나왔다.

"암산으로 다음을 계산하라.

64	28	55	500	220	703 "
+12	+61	+23	+100	+650	+106

필산이었다면 선 아래에 답을 적을 것이다. 하지만 검정 표지 교과서에서는 필산과 암산의 차이란 산용算用 숫자(아라비아 숫자-역자

주)로 쓰고 숫자를 거듭 더한 답을 글로 쓰는 것이 필산이요, 쓰는 대신 입으로만 말하는 것이 암산이라고 규정한다.

제대로 된 암산, 누구나 알고 있는 암산이란 사람이 '숫자 말'을 입으로 소리내 말한 것을 다른 사람이 귀로 듣고 그것을 머릿속에서 계산하여 다시 입으로 답을 말하는 방법이다. 이것을 청취(聽)암산, 즉 '듣는 암산'이라고 한다. 앞에 있는 $\frac{64}{+12}$와 같은 암산은 시시(視)암산 즉 '보는 암산'이다. 그러므로 검정 표지 교과서는 암산의 범위를 매우 넓힌 셈이다.

한문 숫자와 산용 숫자

본격적인 암산은 사람이 말로 하는 '숫자 말' 즉 수사에 근거하여 계산한다. 가령 234라는 수를 입으로 말하면 '이백삼십사 二百三十四'라고 들린다. 일본어에서는 한문 숫자로 적은 글자를 있는 그대로 읽을 뿐이다.

사람이 입으로 말할 때를 살펴보자. 예를 들어 당신 회사의 사원은 몇 명이냐고 묻는 상황이다. 이때 우리는 '이백삼십사 명'이라고 말하지 산용 숫자를 써서 '2, 3, 4명'이라고는 절대 말하지 않는다. 그러나 필산일 때는 당연히 '234'라는 산용 숫자를 기본으로 쓴다.

즉 암산과 필산의 차이는 단순히 방법의 차이가 아니라 기초가 되는 숫자의 표현 방법이 다르다는 사실이다. 암산은 숫자 말 즉 수사, 한문 숫자를 기본으로 하고 필산은 당연히 산용 숫자를 기본으로 한다.

가령 한문 숫자인 이백삼십사는 산용 숫자로는 234다. 수사(이백삼십사)를 기본으로 한 계산과 산용 숫자(234)를 기본으로 한 계산이라는 차이가 있다.

우리는 이미 익숙해져 있기에 이백삼십사와 234라는 산용 숫자는 완전히 같다고 생각하지만, 곰곰이 생각해보면 꽤 다르다. 234라고 쓰여 있더라도 우리는 이백삼십사라고 읽을 수 있지만, 이것은 연습의 산물이므로 처음 공부하는 아이들은 그렇게 읽을 수 없다.

이 두 가지가 어떻게 다르냐 하면 산용 숫자는 자릿수의 원리가 적용되어 있지만 한문 숫자에는 자릿수의 원리가 적용되어 있지 않다는 점이다.

자릿수의 원리란 1의 자리, 10의 자리, 100의 자리라는 순서에 따라 10, 100이라는 말은 생략하고 숫자가 쓰인 위치로 10인지 100인지를 알 수 있도록 정해놓은 원리를 말한다.

자릿수와 0

그러나 한문 숫자에는 자릿수의 원리가 적용되어 있지 않으므로 '이백삼십사'처럼 십, 백이라고 확실히 말해야 한다. 한편 산용 숫자는 자릿수를 사용하므로 십, 백, 천이라는 글자는 필요 없다. 십, 백, 천,……은 쓰여 있는 위치로 알 수 있게 되어 있다.

그 대신 산용 숫자에는 한문 숫자에는 불필요한 단 하나의 숫자가 필요하다. 그것은 바로 0이다. 즉 산용 숫자에는 자릿수와 0이 필요하다. 한문 숫자와 산용 숫자는 양쪽 모두 10진법이라는 공통점이 있지만, 자릿수와 0과 관련해서는 근본적으로 다르다.

암산의 기본이 되는 한문 숫자와 필산의 뿌리에 닿아 있는 산용 숫자는 수를 나타내는 방식이 근본적으로 다르므로 당연히 가르치는 방법도 크게 달라져야 한다. 따라서 암산에는 자릿수나 0이 필요 없다. 일본어는 대체로 100, 10, 1의 순서로 자릿수가 나란히 나열되지만, 앞서 말한 독일어는 100의 자릿수를 먼저 말하고 1의 자리를 다음에 말하고 세 번째로 10의 자리를 말하게 되어 있다. 숫자의 자리가 엉망이 된다. 그래도 십, 백을 확실히 말하므로 틀리지는 않는다.

이런 수사를 기본으로 한 것이 암산이다. 그러므로 암산 중심의 산수 교육에서는 극단적으로 말하면 자릿수도 0도 불필요하다. 실제로 앞서 말한 1935년부터 사용된 초록 표지 교과서에는 0의 의미, 즉 '0이란 이런 수'라는 설명이 어디에도 없다. 암산이라 0이 필요 없기 때문이다.

이와는 반대로 필산을 중시한다면 아이들에게 0과 자릿수를 철저하게 이해시켜야 한다. 이것이 바로 암산과 필산의 큰 차이다.

그렇다면 암산 중심과 필산 중심 중에 어느 쪽이 더 훌륭한 수학 교육 방법일까? 당연히 아이들이 이해하기 쉽고 발전성이 있는 사고방식, 나중에도 똑같은 사고로 문제를 풀어가는 방법이 좋을 것이다. 이런 관점에서 바라보자면 당연히 필산을 중시해야 한다. 다만 필산이라고 해서 암산을 전혀 하지 않는 건 아니다. 1의 자리끼리의 덧셈, 뺄셈, 곱셈 등에서 받아올리고 받아내리는 것은 암산으로 한다. 하지만 두 자릿수 이상이 되면 필산으로 계산해야 한다고 생각한다.

암산 중심으로 배운 아이라면 금세 벽에 부딪힐 것이다. 암산을 특별히 잘하는 아이는 별개로 하고, 전 세계 어느 곳의 아이라도 암산으로 할 수 있는 덧셈은 기껏해야 세 자릿수와 두 자릿수 정도다. 세 자릿수+세 자릿수는 평범한 아이는 훈련하지 않으면 불가능하다. 암산이 벽에 부딪히면 이제 필산밖에는 의지할 것이 없다. 그러나 암산과 필산은 원칙이 완전히 다르므로 매우 큰 혼란이 일어난다. 그 혼란은 실제로 교육 현장에서 일어나고 있다. 가령 암산 중에 마음속으로는 35+27은

$$35+20=55$$

$$55+7=62$$

처럼 머릿속으로 더하라고 가르치지만 필산은 그렇지 않다. 필산에서 $\begin{smallmatrix}35\\+27\end{smallmatrix}$ 은 1의 단위부터 더한다. 세 자릿수 정도의 필산을 할 줄 알면 네 자리, 다섯 자리는 거의 어려움 없이 금방 해낼 수 있다.

세기주의

앞에서 말했다시피 1905년에 완성된 국정 교과서 이른바 '검정 표지'는 '세기주의'를 주창했다.

세기주의의 커다란 특징 중 하나는 양을 배제했다는 점이다. 심지어 배제하는 것에 그치지 않았다. 세기주의라는 이름에서도 알 수 있듯이 수의 계산은 아이들에게 숫자 말을 우선 암기시키는 것부터 시작한다. 아이들에게 '일, 이, 삼, 사……'라는 수사를 우선 외우게 한다. 그렇게 외운 수사를 기본으로 덧셈, 뺄셈 등의 셈을 하는 것이다.

가령 5+3을 계산할 때 아이는 '오, 육, 칠, 팔, 구……'를 외우고 있으므로 암기한 숫자 말을 되뇌며 '육, 칠, 팔'이라고 말하고 5에서 3만큼 앞으로 나아가 '팔'이라는 답에 도달한다. 뺄셈은 반대로 거꾸로 세는 식이다.

전자인 덧셈은 '세는 덧셈'이라 하고 후자인 뺄셈은 '세는 뺄셈'이라 한다. 이 방법으로도 물론 답은 나온다. 다만 이 방법에는 양이라는 개념이 거의 들어 있지 않다. 즉 이것은 기수가 아니라 서수다. 머릿속에 '일, 이, 삼, 사,……'라는 수의 순서를 새겨두고 그 순서가 매겨진 숫자 말을 오고 가는 방법으로 덧셈과 뺄셈을 계산하려는 것이다. '일, 이, 삼,……'이라고 수사를 소리 내어 세기 때문에 '세기주의'라는 이름이 붙었다.

이 방법은 작은 수의 덧셈, 뺄셈이라면 답이 쉽게 나온다. 하지만 숫자가 조금 커지면 곤란해진다. 가령 35+27을 계산하려 하면 36, 37,……이라고 읊으며 27번 앞으로 나아가야 한다. 이 과정은 매우 귀찮은 데다 대부분 중간에 틀리고 만다. 시간도 오래 걸린다. 이렇듯 숫자가 커지면 세기주의는 금세 벽에 부딪힌다. 요컨대 세기주의는 사실상 한 자리의 작은 숫자에만 통용되는 방식이다.

세기주의를 주창한 후지사와 리키타로는 왜 이렇게 한계가 있는 방법을 주창한 것일까. 앞에서도 말했지만 후지사와는 매우 영리한 사람이었으므로 두 자릿수 덧셈이 나오자 세기주의를 홀랑 내버리고 산용 숫자를 가르치는 필산으로 노선을 갈아탔다.

그러니 결과적으로 검정 표지 교과서는 필산에 중점을 둔 교과서가 되어버렸다. 아마도 후지사와는 그 한계를 알고 있었기에 세기주의를 철저히 밀어붙이지 않고 중간에 바꾼 것이리라. 따라서 검정 표지 교과서는 계산에 관해서 만큼은 그리 큰 악영향을 끼치지는 않았다고 할 수 있다.

또 하나 검정 표지 교과서의 장점은 1, 2학년의 경우 교사용 교과서만 있었을 뿐 학생용 교과서가 없었다는 점이다. 학생용 교과서가 없었기에 1, 2학년을 가르치는 교사는 자기가 좋아하는 방법으로 자유롭게 산수를 가르칠 수 있었다. 교사용은 매우 간단한 것만 제시되어 있었기 때문이다. 결과적으로 메이지 시대부터 다이쇼 시대에 걸쳐 있는 정부의 통제가 매우 심한 시대이면서도 1, 2학년은 숨 쉴 구멍이 있었던 셈이다. 따라서 1, 2학년의 교육에는 그다지 악영향이 없었다.

고학년까지 종합해보면 계산은 필산 중심이었다. 철저하지는 않았지만 나중에 말할 수도방식水道方式(필산을 기본으로 한 산수 교육 방법. 1958년경 수학자인 도야마 히라쿠, 긴바야시 고銀林浩가 창시했다─역자 주)과 약간 비슷한 식이 여기저기서 발견된다. 필산 중심의 방법을 철저히 하면, 수도방식을 닮을 수밖에 없다.

암산 편중

그러나 1935년부터 시작된 초록 표지 교과서는 검정 표지를 개선하려 한 것이겠지만 결과적으로는 개악改惡이 되었다.

초록 표지에서는 35+27을 어떻게 계산하라고 했을까.

세기주의로 불가능하다는 사실은 확실하다. 초록 표지 교과서가 세기주의를 어떤 식으로 개량했느냐 하면 27을 더할 때 1씩 더해가는 '세기 덧셈'은 힘들므로 10씩 더해가는 방법을 취했다.

27을 더할 때 10씩 더하면

$$'35 \rightarrow 45 \rightarrow 55'$$

가 된다. 그리고 나머지인 7을 더해 62가 된다. 이 방법으로 하면 수사는 10의 단위를 먼저 말하므로 당연히 10을 먼저 더한다.

더 잘하기 위해서는 20을 한꺼번에 더하면 된다. 35에 20을 더하여 55를 내고, 7을 더한다. 그러므로 이런 암산은 더할 때 27의 20을 먼저 더한다. 윗자리의 수부터 더해가는 이 방법은 '두가법 頭加法'이라고도 한다. 암산이란 머리頭부터 더하는加 계산이라고 정해버린 것이다. 이 말은 곧 그 외의 것은 암산이 아니라는 뜻이다.

나는 종이에 쓰지 않고 머릿속으로 하는 계산은 모두 암산이라고 생각한다. 하지만 이 초록 표지 교과서는 암산에는 다양한 방법이 있는데도 그중에서 머리부터 더하거나 빼는 것만이 암산이라고 강제로 정해버렸다. 그리고 이 방법을 모든 아이에게 주입하려 했다.

아이들은 필산에 점점 익숙해지면 $\frac{35}{+27}$ 라는 필산을 머릿속으로 떠올리면서 답을 구하게 된다.

이 식이라면 받아올림이 있으므로 3+2=5지만, 거기에 1을 더해서 6으로 만들고 1의 자릿수를 2로 하자. 이렇게 필산식 암산이 가능해진다.

하지만 초록 표지 교과서를 만든 문부성 관료는 '그래선 안 돼. 그건 바른 길이 아니야. 어디까지나 머릿속에서 더하는 것이 암산이야. 암산은 이 방법 하나밖에 없어'라고 억지를 부린 것이다. 나는 이 주장은 암산을 제멋대로 해석한 억지라고 생각하지만, 일단 정부는 그렇게 밀어붙였다.

수학은 필산 중심

그렇다면 전문 수학자는 어떨까? 수학 연구는 당연히 필산을 기본으로 한다. 대수도 미분·적분도 모두 필산으로 계산한다.

전문 수학자도 처음에는 연필로 식을 종이 위에 적고 그것을 눈으로 보며 생각의 가지를 뻗어 나간다. 이 식을 어떻게 변형하면 목적에 잘 도달할지, 이리저리 생각하면서 점차 목표에 가까이 다가간다.

그런 과정을 여러 번 반복하는 동안 종이 위에 식을 적지 않아도 식이 자연스레 떠오르고, 머릿속에서 식을 다양하게 변형할 수 있게 된다. 이 단계가 되면 암산이라고 해야 할 테지만 사실 이것은 쓰인 식을 종이 위에 쓰는 대신 머릿속에 그림으로 풀어나가는 것이므로 그야말로 필산식 암산이라 해야 할 것이다.

이처럼 필산에서 암산으로 나아가는 방법만이 전문 수학자뿐 아니라 모든 사람에게 가장 자연스럽고, 가장 쉬운 방법이다. 물론 저학년 산수에서도 결코 예외가 아니다.

필산에서는 머릿속에서 생각한 것을 일단 종이 위에 투영하여 그것을 보면서 생각할 수 있으므로 고도의 사고가 가능하다. 거기에 필산의 위력이 있다. 이것은 언어 교육에서 작문의 위력과도 같은 것이다.

35+27은 $\begin{array}{r} 35 \\ +27 \\ \hline \end{array}$ 이라는 필산을 충분히 연습해두면 그 식을 종이 위에 쓰지 않아도 머릿속에서 떠올릴 수 있게 되는데, 이것이 바

로 암산—필산식 암산이다.

이 자연스러운 방법에 반하여 어디까지나

$$35+27$$

이라고 옆으로 쓰고 그것을

$$35+20=55$$

$$55+7=62$$

라고 머릿속으로 더하는 방식을 강요하는 것은 부자연스럽다. 이것은 아이들을 공연히 괴롭히는 결과로 이어진다.

애초에 암산 중심의 산수 교육을 주장하는 사람들은 필산 없는 암산이라는 어려운 작업을 아이들에게 시켜가며 아이들의 머리를 단련해야 한다는 일종의 '단련주의'를 신봉하고 있는 듯하다.

암산과 수학

그렇다면 암산을 잘하게 되면 과연 아이의 머리는 진정으로 단련되어 수학적 사고력이 높아질까? 결론부터 말하자면 그렇지 않다. 가령 20세기 초까지 활동한 세계적인 수학자 앙리 푸앵카레 Heinri Poincaré라는 사람이 있다. 이 사람은 자신이 암산은 젬병이라고 말했다. 그러니 암산을 잘 못하는 사람이라면 안심하라. 물론 암산을 매우 잘하는 수학자도 있지만, 이것은 오히려 예외다. 결국 암산과 수학은 상관없다고 할 수 있다.

암산은 개인차가 매우 크지만, 그 차이는 지능과는 상관이 없다. 암산을 특별히 잘하는, 천재로 보이는 사람이 가끔 나온다. 예전에 영국에 그런 아이가 있었다. 그 아이는 집이 가난해서 서

커스에 들어가 손님 앞에서 암산을 하여 돈을 벌었다. 손님이 몇만 몇천이나 되는 계산 문제를 내면 곧바로 대답을 하는 식으로 구경거리를 제공했다. 그러다가 나중에 돈을 모아 정규 학교에 들어갔다. 그리고 학교에서 다양한 교육을 받았더니 암산을 잘 못하게 됐다고 한다. 이런 이야기가 있을 정도이니, 암산에 편중하는 교육은 매우 큰 잘못이라고 생각한다.

그리고 또 하나. 암산은 평생 연습하면 어느 정도 수준까지는 끌어올릴 수 있다는 사실이다. 하지만 연습을 그만두면 금세 원래대로 돌아가 버린다. 독일에 살던 한 여자 교사의 보고에 따르면 아이들에게 여름방학 전에 암산을 연습시켜서 좋은 성적을 거뒀지만, 여름방학이 끝나고 같은 시험을 치르게 했더니 점수가 형편없었다는 것이다.

그에 비해 필산은 숫자를 보면서 계산할 수 있으므로 아이들이 쉽게 풀 수 있다. 그리고 발전성이 있다. 현재 초록 표지 교과서의 흐름을 따른 교과서가 많이 나와 있다. 그것들은 처음에는 암산만 주야장천 시키고, 절대 세로로 쓰는 계산을 시키지 않는다. 옆으로 쓰인 계산식만 하염없이 나온다. 이것이 아이들을 괴롭힌다. 왜 비교적 쉬운 필산을 가르치지 않느냐며, 학부모에게서 볼멘소리가 터져 나온다. 암산을 고집하는 이유는 아이들에게 암산을 주입하면 산수 능력이 향상된다는 미신에 사로잡혀 있기 때문이다. 당장에라도 암산 중심의 산수 교육을 그만두고 필산 중심의 산수 교육으로 전환해야 한다.

0의 의미

그렇다면 필산 중심에서는 산수 교육을 어떻게 해야 하는가에 대한 문제가 떠오른다. 필산을 중심으로 산수를 가르치기 위해서는 필수 조건이 있다. 바로 산용 숫자의 근원이 되는 0과 자릿수를 일찍이 가르치는 것이다. 아무리 필산이 좋다 해도 산용 숫자의 기초를 아이들이 이해하지 못한다면 아무짝에도 쓸모가 없다. 암산 중심의 방법에서는 0을 가르치지 않거나 대충만 가르치지만, 필산 중심으로 가기 위해서는 모든 아이가 이해할 수 있도록 0을 철저하게 가르쳐야 한다.

그렇다면 0이란 무엇인가. 이것은 어떤 의미에서는 꽤 어려운 문제다. 가르치는 사람이 '0이란 무엇인가'를 제대로 인식하지 않으면 아이들에게 올바르게 이해시킬 수가 없다. 지금까지는 0이란 '없는 것'이라고 가르쳤다. 이것은 아이들이 상상할 수 없는 개념이다. 없는 것을 머릿속에 떠올릴 수는 없으니까. 어른도 그건 불가능하다.

그래서 0이란 있던 것이 없어진 것으로 생각하게 했다. 즉 처음부터 없는 것이 아니라 '없어졌다'든가 혹은 '있어야 할 것이 없다'는 의미로 가르쳐야 한다.

그 의미를 아이들이 잘 받아들이려면 어떤 방법이 좋을까. 사과 하나, 둘을 세는 구체적인 것부터 1, 2, 3,……이라는 숫자 말을 가르칠 때 사물을 미리 접시에 올려서 가르치면 된다.

다음 그림처럼 아이들에게 사과가 접시에 담긴 모습을 떠올리게 한다.

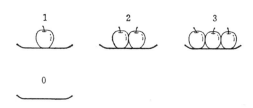

그렇게 하면 사과가 없어졌을 때 텅 빈 그릇이 남는다. 이 텅 빈 상태가 0이다. 이렇게 하면 0을 상상하기 쉬워진다. 이 방법이라면 누구라도 어려움 없이 0을 이해할 수 있다는 사실이 증명되었다.

잘 생각해보면 0이란 원래 그렇다. 없는 것이 아니다. 없는 것이라면 0이라고 이름 붙일 필요조차 없다. 하지만 있어야 할 것이 없어졌다면 반드시 이름을 붙여야 한다. 그것이 바로 0이다. 야구 시합을 하면 0, 0, 0이라는 숫자가 줄지어 쓰여 있는데 이것은 1회에 점수가 나야 하는데 나지 않았다는 의미다. 1회분에 제대로 된 점수판이 마련되어 있고 그 안에 0이 쓰여 있다.

이런 아주 작은 사고의 전환으로 잘 이해하지 못하는 아이를 이해하게 만들 수 있다. 하지만 사고의 전환이 말처럼 그리 쉽지는 않다. '0이 대체 뭐야?' 하는 문제에 대한 생각을 뿌리째 바꿔야만 하기 때문이다.

0의 역사

0은 역시 10보다 먼저 가르쳐야 한다. 왜냐하면 0이라는 자릿수를 모른 채로 10이라고 쓰는 법을 가르쳐주면 아이는 10을 하나의 글자로 인식한다. 한문 숫자의 십+과 같이 생각하는 것이다. 즉 '1변에 0이 붙어 있는 글자'라고 외우고는, '그저 10이라는 글자'라고 믿어버린다. 이런 방식으로 생각하면 한자의 '十一'처럼 11을 101로 쓴다. 아이 입장에서 보면 지극히 당연하다. 그러므로 산수 교육에서는 순서가 중요하다. 10을 10이라고 쓴다는 것을 가르치기 전에, 반드시 0의 의미와 자릿수를 가르쳐야 한다. 한문 숫자인 '十'을 가르치는 것은 괜찮지만 그것을 10이라고 쓰게 하는 것은 바람직하지 않다.

실제로 내가 어릴 때 그런 경험이 있다. 아직도 기억이 생생한데 나는 규슈九州의 시골 초등학교에 다녔다. 초등학교 1학년 때, 전 시간에 선생님이 10이 하나의 글자라고 가르쳐주었다. 그날은 선생님이 말하길, 오늘은 십일부터 가르쳐준다고 하며 '십일'을 숫자로 어떻게 쓰는지 아는 친구는 손을 들라고 했다. 나는 기뻐서 용기를 내어 손을 번쩍 들고 칠판 앞으로 나가서 '101'이라고 썼다. 그랬더니 선생님이 "틀렸네. 또, 쓸 수 있는 친구 있나요?"라고 말했다. 그러자 다른 아이가 나와서 '11'이라고 썼다. 그것을 본 선생님이 정답이라고 말했다. 나는 그때 왜 101이라고 쓰면 안 되는지 전혀 수긍할 수 없어서 무척 불만이었다. 그래서인지 그날 일을 이 나이 먹도록 기억하고 있다.

돌이켜 생각해봐도 당시 선생님이 가르친 방법은 역시 잘못되었다. 자릿수도 0도 가르치지 않고 '10'을 하나의 글자로 가르쳤기 때문이다. 내가 살던 마을은 전등이 없어서 밤에는 램프를 켜두었기 때문에 어두워서 예습할 수 없었다. 학교 근처는 시내였기에 전등이 달려 있었다. 전등이 있는 집에 사는 아이는 집에서 전

날 밤 예습할 수 있었기에 부모님께 물어보아 11이라고 쓸 수 있었던 것이다. 그러나 전등이 있는 요즘 세상에서도 좋지 않은 교과서로 배우면 이런 일을 경험하는 아이가 나온다.

'십'을 10이라고 쓰는 것이 먼저 나오고, 나중에 0과 자릿수를 가르치는 교과서로 배우면, 당연히 101이라고 쓰는 아이가 나올 수밖에 없다. 더 심한 예를 들면 234를 200304라고 쓰는 아이도 나온다. 이것은 아이 탓이 아니라 전적으로 교과서 탓이다.

0은 가르치지 않는 이상 처음부터 자연스럽게 알 수가 없다. 아이에게 0을 발명하라고 한들, 그런 일이 가능하겠는가?

그러므로 적어도 9까지 가르쳤다면 그다음에 0을 가르친 후 10으로 가야 한다. 0은 더욱 일찍 가르쳐도 좋지만 9까지 가르쳤다면 그다음에는 반드시 0을 가르쳐야만 한다.

자릿수의 원리

다음으로 자릿수는 어떻게 가르치느냐 하는 문제다. 자릿수의 원리는 10진법이 전제로 깔려 있다. 10진법이란 10씩 묶어나가는 것이다.

10진법은 10씩 한 묶음으로 백, 천, 만……으로 나아가는 방법이다. 10이란 그 전까지는 아이들에게 그저 '많이'였다. 그냥 1이 많이 모인 상태였다. 하지만 자릿수, 그것도 두 자릿수를 가르치려면, 가령 23이라면 10을 하나로 묶어야만 한다. 여기에서 '많이'를 한 묶음으로 보는 사고가 필요하다. 이것을 '결집'이라고 한다.

결집을 위한 타일

10진법에는 '결집'이라는 생각이 필수적이다. 결집이란 많이 있는 것을 하나의 묶음이라고 보는 사고방식이므로 어떤 의미에서는 모순된 사고다. 따라서 결집은 꽤 고도의 사고법이라 할 수 있다. 이것을 아이들에게 이해시키기 위해서는 아이들이 이해하기 쉬운 구체적인 수단이 필요하다.

그래서 1을 정사각형으로 나타내는 방법이 고안되었다. 우리는 이것을 타일이라고 부른다. 왜 1을 나타낼 때 정사각형 타일을 사용할까.

지금까지는 수를 다양한 수단을 이용하여 머릿속에 떠올렸다. 가장 먼저 동그라미를 이용했다. 그림에 있는 동그라미는 페스탈로치에 의해 시작되었다고 한다. 이 동그라미를 사용하는 것을 수도數圖라고 한

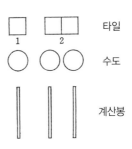

다. 또한 러시아를 포함한 동유럽 국가에서는 그림에 있는 봉 즉 계산봉을 사용한다. 계산봉은 성냥개비 같은 봉인데 1, 2, 3······을 나타낸다. 그 외에도 다양하다.

그렇다면 자주 사용되는 동그란 수도와 계산봉, 그리고 타일은 무엇이 다를까. 동그라미는 어떤 점에서는 훌륭하다. 바로 1, 2, 3,······과 같은 수를 분리량으로 받아들인다는 부분이다. 동그라미는 더 나누기 힘들고, 서로 이어지지 않고 고립되어 있다는 점

에서 분리량을 나타내는 데는 매우 적합하다.

그러나 동그라미는 '10을 하나로 본다'는 것을 아이들에게 이해 시키려 할 때는 좋은 도구가 아니다. 10개의 동그라미를 아무리 잘 배열해도 아이들은 그것을 보고 '아, 많이 있구나'라고만 생각 할 것이다.

하지만 정사각형의 타일은 10개를 옆으로 죽 연결하면,

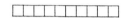

이렇게 하나로 이어진다. 이것을 '1자루'라고 한다.

나아가 이것을 10개 이어붙이면 100이 되므로 100을 하나로 받아들일 수 있다. 타일로는 결집이라는 사고법을 쉽게 이해시킬 수 있다.

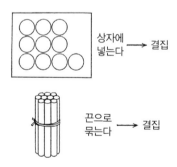

수도로 가르치는 독일도 10을 한 묶음으로 인식할 필요가 있었 다. 따라서 독일 쪽 교과서에서는 동그란 수도에 일부러 테두리를 쳐서 가르친다. 테두리가 없으면 아이들은 하나로 인식하지 못한 다. 상자 속에 넣어야 비로소 하나로 인식한다.

계산봉도 마찬가지다. 계산봉도 딱 10개를 늘어놓기만 해서는

안 된다. 10개를 끈으로 묶어야 한다. 이처럼 결집을 나타내기 위해서는 상자 혹은 끈이 필요하지만 타일은 그저 늘어놓고 붙이기만 하면 된다.

여기에서 가장 중요한 것은 10이 아이들의 머릿속에 선명하게 '하나'로 떠오르는지 여부인데, 그 목적을 이루기 위해 가장 적합한 도구는 뭐니 뭐니 해도 정사각형 타일이다. 타일을 사용하면 결집하기가 정말 쉽다. 동그란 수도의 경우 100이 되면 10×10을 늘어놓아도 도저히 하나로 보이지 않는다. 하지만 도구를 바꾸어 타일로 가르치면 100이라는 게 이런 거였구나, 하고 처음으로 이해하는 아이가 나온다. 지금껏 동그라미로 가르치던 것을 네모로 바꾼 이유 중 하나는 이처럼 결집을 쉽게 가르치기 위해서다.

타일은 가로와 세로, 두 방향으로 자유롭게 이을 수 있다. 이것은 거꾸로 말하면 가로로든 세로로든 자유롭게 나눌 수 있다는 말이다.

앞에서도 얘기했듯이 나누기와 이어붙이기가 자유로운 것이 연속량이다. 그러므로 타일을 사용하면 분리량에서 손쉽게 연속량을 이해할 수 있다. 분수, 소수도 타일로 쉽게 나타낼 수 있다.

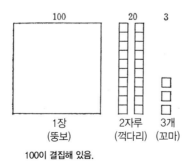

100이 결집해 있음.

이것을 보면 자릿수와 0이라는 개념을 초등학교 1학년 혹은 유치원 아이들도 이해할 수 있다. 따라서 필산을 일찍 도입할 수 있게 된다.

이때 중요한 것이 두 자릿수라면, 가령 23은 10이 2개, 1이 3개라는 사실이다. 아이들은 자연스럽게 이것을 보고 '2자루와 3개'라는 말을 쓴다. 이것은 아이들 스스로 생각해낸 호칭이다. 100이 되면 넓으니까 '1장', 200은 2장이 된다. 앞부분에서 나는 일본어에 장이나 자루와 같은 단위가 있다는 사실이 매우 번거롭다고 말했지만, 여기서는 오히려 도움이 된다. 모으니 하나가 되었다는 사실이 표현에 이미 드러나 있기 때문이다. 2장이라는 표현에는 100이 1장으로 결집된 것이 2개 모여 있다는 사실이 자연스럽게 드러난다.

다만 초등학교 아이들은 장, 자루, 개라는 개념을 잘 알지만 유치원생은 장, 자루, 개를 잘 모른다. 이때 부모가 유치원생이 이해하기 쉽도록 100은 뚱보, 10처럼 가늘고 긴 것은 꺽다리, 1은 꼬마라고 가르쳤더니 유치원생이 매우 쉽게 이해했다고 한다.

삼자 관계

이런 방식으로 타일과 말, 그리고 숫자 사이의 관계를 긴밀하게 만든다. 이것을 '삼'이라는 숫자 말(수사), □□□이라는 타일, 3이라는 숫자의 삼자 관계라고 한다.

우선 '삼'이라고 말하면 아이에게 타일을 세 개 놓게 한다. 이것이 자유롭게 가능해지면 이번에는 숫자 3을 쓰게 한다. 혹은 세

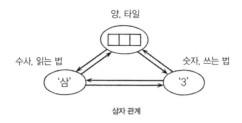

양, 타일

수사, 읽는 법

숫자, 쓰는 법

'삼'

'3'

삼자 관계

개의 타일을 아이에게 보이고 아이가 '삼'이라고 대답하게 한다. 혹은 '삼'이라고 쓰고 읽게 한다. 그 후에 타일을 깔게 한다. 이렇게 세 가지를 자유롭게 할 수 있을 때까지 연습시킨다. 언제든 타일을 중간에 끼워 넣어 양을 나타내도록 한다. 수사, 숫자, 타일이라는 삼자를 긴밀하게 연결하는 것이다.

가법

다음으로 아이들에게 계산을 어떻게 가르칠지 생각해보자. 우선 덧셈, 즉 가법이다. 덧셈의 기초는 9 이하의 한 자릿수끼리의 덧셈이다. 물론 세기주의가 아닌 타일을 쓰는 방법을 이용한다. 2+3은 2개의 타일과 3개의 타일을 합치면 몇 개가 될지 아이에게 생각하게 한다. 실제로 타일 교구를 이용하면 좋다.

타일은 금방 만들 수 있다. 두꺼운 종이도 괜찮지만 처음 하는 아이는 종이처럼 가벼운 물건보다는 건축에서 쓰는 실제 타일이 가격도 싸고 묵직하며 두께도 적당해서 좋다고 한다.

한 자릿수 숫자의 덧셈을 우리는 가법의 기본과정elementary process이라고 한다. 예를 들어 2+3 같은 것이다. 기본과정을 일본어로는 '소과정素過程'이라고 하는데 '소素'는 '기본'이 된다는 의미로 '원소'할 때의 '소'다. '과정週程'은 계산 과정을 뜻한다. 이 용어는 화학의 반응론 등에서 사용되는 말을 가져온 것이다.

기본과정은 모든 덧셈의 기본이므로 정성을 다해 꼼꼼하게 지도해야만 한다. 받아올림이 없는 경우와 있는 경우로 나누어, 타일을 이용해 정성 들여 가르친다.

5·2진법

최근에는 1부터 10으로 쭉 가는 대신 중간에 있는 5에서 한 덩어리로 묶은 후, 이것을 매개로 아이들에게 10을 가르치는 편이 더 이해하기 쉽다는 생각이 우세하다. 이 방법을 이용해 기본과정을 설명해보자.

우선 1을 5까지 결집한다. 그런 다음 결집한 5를 두 개로 묶어서 10이 되도록 만든다.

우리는 이것을 5·2진법이라고 부른다. 5까지 가서 일단 하나로 묶은 후, 다시 두 개를 묶어서 10으로 만드는 방식이 1부터 시작해 단숨에 10까지 가는 것보다 이해하기 쉽다.

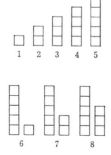

이 방식을 곰곰이 생각해보면 인간이 자연스럽게 떠올린 지혜라는 생각이 든다. 우리가 쓰고 있는 돈이 가장 큰 예다. 일본 화폐에는 1엔, 10엔, 100엔뿐 아니라 1엔과 10엔 사이에 5엔이 있고, 10엔과 100엔 사이에 50엔, 100엔과 1000엔 사이에

500엔, 1000엔과 10000엔 사이에 5000엔이 있다.

5로 합치면 더 계산하기 쉽기 때문이다. 90엔을 낼 때 10엔을 9개 낼 수밖에 없다면 불편할 것이다. 그런데 50엔이 있으니 매우 간편하다.

또 5·2진법을 사용하는 것은 일본의 주판이다. 주판에는 5를 나타내는 알이 있다. 10을 세기 위해 주판알 하나하나를 열 개나 퉁길 필요가 없다. 일본의 주판이 편리한 이유는 아마도 5를 나타내는 주판알이 있기 때문일 것이다. 러시아의 주판은 5가 없다고 한다. 그냥 1짜리 주판알이 10으로 이어질 뿐이다. 다만 5 부분은 색만 다르다고 한다.

이렇듯 계산할 때도 중간에 5로 합친다. 타일이라면 5개의 타일을 1개로 모으면 되니, 매우 간단하다. 그렇게 하면 '6은 5의 묶음과 1', '7은 5의 묶음과 2'와 같이 생각하게 된다. 최근의 연구에서 그런 방식이 계산이 더 빠르고 간단하다는 사실이 밝혀졌다.

기본과정은 그 이름처럼 계산에서 가장 기본이 된다. 이 기본과정을 조합하여 복잡한 계산도 할 수 있다.

덧셈을 예로 들어보자. 이때 1의 자릿수끼리 덧셈을 한 후 조합하는 것이다. 가령 $\begin{array}{r}23\\+35\end{array}$ 가 있다고 치자. 3과5, 2와3, 이렇게 한 자릿수의 덧셈을 두 번 하면 된다. 이것을 복합과정이라고 한다.

필산은 세로로 쌓아가며 계산하는데 왜 그렇게 해도 되는지를 아이들에게 이해시킬 수 있다. 234+352의 경우 타일을 이용해 표현하면 다음 그림과 같다. 두 개를 더해서 같이 묶어버리면 자연스럽게 같은 종류의 물건끼리 모인다. 장은 장, 자루는 자루, 개는 개로 정리된다. 그렇게 되면 234+352처럼 가로로 쓰기보다

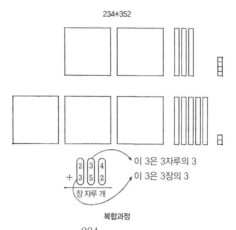

234+352

이 3은 3자루의 3
이 3은 3장의 3

복합과정

는 같은 종류가 되도록 $\frac{234}{+352}$ 처럼 세로로 쓰는 것이 좋다. 세로로 쓴 식을 타일을 이용해 실제로 합쳐서 보여주면 아이는 금방 이해한다.

또, 이때 자릿수를 맞춰서 세로로 쓰는 것이 좋다. 자릿수 쓰기를 제대로 익혀두지 않으면 계산 중간에 자릿수가 얽힐 수도 있다. 같은 3이라도 이것은 10의 3이고, 여기에서 말하는 자루의 3이라는 것. 그리고 이 3은 장, 즉 100의 3이라는 것. 숫자는 같더라도 나타내는 내용이 다르다는 사실을 아이들이 이해할 수 있도록 실제로 꼼꼼하게 연습시켜야 한다.

계산에서 세로로 쓸 때 비뚤게 쓰는 바람에 자주 오류가 발생하는데 이런 점을 제대로 지적하며 지도해야 한다. 반드시 같은 줄에 똑바르게 써야 한다는 것을 아이에게 잘 이해시키자.

지금까지는 비뚤게 쓰더라도 선생님이 이유를 말해주지 않고 똑바로 쓰라는 말만 했다. 하지만 그렇게 말하면 아이들이 영문을 몰라 한다. 이런 식으로 기본과정을 거듭한다. 즉 이 예에서는 한 자릿수의 덧셈을 세 번 하면 된다는 사실을 아이들이 잘 이해할 수 있을 것이다.

물론 그 전에 234라는 것은 '2장, 3자루, 4개'라는 사실을 철저하게 이해시킨다. 앞에서 한 자릿수로 연습해본 삼자 관계를 두 자릿수, 세 자릿수도 아이에게 타일을 쥐여주고 거듭 연습시켜두어야 한다.

타일을 실제로 손으로 만지는 단계가 어느 정도 무르익으면, 그 다음에는 손으로 직접 그리게 한다. 선생님이 234라고 말하면 타일을 이용하는 것이 아니라 노트에 타일을 그리게 한다. 이때 중간

선은 필요 없다. 대충 그려도 100이라는 사실을 알 수 있으니까.

그림으로 그릴 수 있다는 것은 머릿속에 타일이 들어 있어서 자릿수를 잘 이해했다는 증거다. 즉 숫자 말과 산용 숫자, 그리고 타일. 이 세 가지가 하나로 연결되었다는 의미다. 이렇듯 아이에게 직접 그리게 하는 것은 매우 중요하다.

문제의 수

2학년쯤 되면 세 자릿수와 세 자릿수의 덧셈 문제가 나온다. 그러나 세 자릿수와 세 자릿수의 덧셈 문제라는 것은 총 몇 개나 될까. 교과서는 지면이 한정되어 있으므로 조금밖에 실려 있지 않지

만 조합 가능한 문제수를 전부 계산하면 81만 개나 된다.

왜 그렇게 많을까? 세 자릿수에서 가장 작은 것은 100이다. 100부터 101……999까지다. 수는 몇 개 있느냐 하면 1부터 999까지. 1~99는 세 자릿수가 아니므로 999에서 99를 뺀 900개가 된다. 수의 종류는 900. 덧셈을 하려면 1단에 100, 101……999

$$
\begin{array}{cccc}
100 & 101 & \cdots\cdots & 999 \\
+100 & +100 & \cdots\cdots & +100
\end{array}
$$

라고 쓰고 모두에게 100을 더한다.

이 된다. 또 100, 101……999까지 쓰고 모든 수에 101을 더한다 그다음에는 102를 더한다. 가로 단에 900이 있고, 세로에도 900이 있다. 이렇게 모두 합쳐 900×900이므로 81만 개다. 즉 81만 문제가 있다는 이야긴데, 이것을 무식하게 일일이 계산하게 하는 것은 말도 안 된다. 하루에 100문제씩 숙제를 낸다 해도 8100일이 걸린다는 계산이 나온다. 약 20년이다. 그러므로 이런 일은 실제로 할 수 없고, 할 필요도 없다.

산수 교육은 꽤 역사가 오래되었고 수많은 아이가 배웠음에도 방금 말한 문제조차 제대로 제기되지 않았다.

81만 개의 문제를 그다지 시간을 들이지 않고 전부 풀기 위해서는 어떻게 해야 할지 생각해 보자. 아이는 하나의 문제를 풀 수 있으면 그것과 비슷한 문제를 풀 수 있게 되어 있다. 그러므로 이런 문제를 적당한 방침으로 분류해야 한다.

문제의 분류와 순서

우선 형태를 나누고 다음에는 어떤 형태부터 계산할지 순서를 세운다. 물론 이런 문제를 각기 다른 형태로 나누려면 원칙이 있어야 한다.

(1) 받아올림이 없는 것을 먼저 하고 받아올림이 있는 것은 나중에 한다.

그리고

(2) 0이 없는 것부터 0을 포함하는 것으로 옮겨간다.

이 두 가지 원칙이다.

받아올림은 없는 편이 아이들에게는 쉽다.

두 번째 0의 문제는 조금 다르다. 0은 다른 수보다 어렵다는 생각에 뿌리를 두고 있다. 앞서 말한 것처럼 0은 있던 것이 없어진 상태라고 생각하므로 특수한 경우다. 달리 표현하면 이상한 경우다. 실제로는 1이든 2든 3이든 있는데 있어야 할 것이 이미 없어져 버렸을 때의 수다.

그러니 0이 나오면 어렵다고 생각하는 것이다. 이런 점이 기존의 통념과는 다르다. 0이 없는 경우가 일반적이고, 0이 나오면 특수한 경우라고 생각하는 것이다. 그러므로 이 원칙은 바꿔 말하면 '일반에서 특수로'라는 형태를 취한다. 그러자면 받아올림이 없고 0이 들어 있지 않은 계산을 먼저 연습한 후 점점 0을 포함해 받아올림이 있는 계산으로 발전시키도록 배열한다.

이것은 계산을 연습하던 지금까지의 방법과는 반대다. 지금까지는 필산으로 $\frac{200}{+300}$이라는 식이 먼저 나왔다. 0+0, 0+0이므로

익숙해지면 쉽지만 처음 보는 아이는 당황한다.

이 계산은 타일로 먼저 진행한다. 200은 타일로 그리면 2장, 300은 3장이므로 2장+3장하면 5장이 되어 답이 500이 된다는 계산을 먼저 하고 $\begin{smallmatrix}200\\+300\end{smallmatrix}$이라는 필산은 나중에 한다.

그러므로 맨 처음에는 $\begin{smallmatrix}234\\+352\end{smallmatrix}$와 같이 0이 하나도 없고 받아올림이 없는 수부터 계산한다. 문제 수도 가장 많고, 필산하기도 가장 쉽다. 아이는 받아올림이 없는 한 자릿수 계산을 세 번 하면 되므로, 걸려 넘어질 만한 부분이 거의 없다. 그런 형태의 문제부터 시작해서 점점 0이 중간에 있는 계산으로 발전시킨다. 그다음에 받아올림이 있는 계산으로 나아간다.

그렇게 형태를 나누어 순서를 매기고 배열해서 연습문제를 풀게 한다. $\begin{smallmatrix}234\\+352\end{smallmatrix}$는 타일을 합쳐서 개와 개, 자루와 자루, 장과 장을 따로 더하게 한다. 그러면 아이는 금세 이 방법을 이해하고 대부분 자기 혼자서 풀 수 있게 된다.

다음에 만약 $\begin{smallmatrix}234\\+350\end{smallmatrix}$이라는 문제가 나오면 아이는 0이 나왔으니 좀 조심해야겠다고 생각할 것이다. 이런 계산을 통해 조금 주의할 부분이 늘어난다. 그 후로 조금씩 0이 많은 계산을 시킨다. 혹은 받아올림이 나오는 문제로 발전시킨다.

대체로 이렇게 분류하면 세 자릿수 덧셈의 형태가 144가지 나온다.

이런 방법이라면 한 가지 형태는 몇 문제만 풀어보면 충분히 익힐 수 있다. 맨 처음 문제를 제대로 익혀두면 나중에는 아이가 조금만 조심하면 다음 문제도 풀 수 있는 구조다. '이건 받아올림이 있구나. 그러니 좀 조심하자'고 아이 스스로 생각하면서 말이다. 처음에 제대로 알려주면 나중에는 교사가 일일이 봐주지 않아도 문제를 주면 아이 스스로 풀 수 있다. 지도하기도 매우 편하다.

또 세세하게 형태를 분류해두었으므로 아이가 틀렸을 때, 가령 1의 자리와 10의 자리에 받아올림이 있는 문제에서 틀리면 이 아이가 어떤 형태에 약한지 판단할 수 있다. 이런 아이에게는 쉬운 형태의 문제를 골라서 많이 풀게 하는 방법으로 지도할 수도 있다.

그러므로 이 지도법은 '계산 연습의 영양학'이라고 불러야 한다. 비타민B가 부족할 때 비타민B만을 보충하는 식의 처방이 가능해진다. 지금까지는 문제의 형태 분류가 되지 않았기에 그저 계산을 잘 못하는 아이구나, 하고 판단만 할 수 있었다. 그러나 그 아이가 틀리기 쉬운 형태를 골라서 집중적으로 훈련하기는 어려웠다.

하지만 형태를 분류해두면 아이가 더는 연습할 필요가 없는 형태의 문제는 배제한 채, 꼭 필요한 형태를 많이 연습시킬 수 있다. 따라서 문제의 형태를 분류해두어야 한다.

이 방법의 이점 중 하나는 교사가 매우 편하다는 것이다. 아이가 자발적으로 연습문제를 풀 수 있기 때문이다. 교육에서 교사가 편하다는 사실은 매우 중요한 조건이라고 나는 생각한다. 교사가 편하면서 아이가 새로운 사실을 배운다는 것은 아이가 자발적으로 활동하고 있다는 증거다. 아이가 스스로 활동하므로 교사가 편해지는 법이다. 교사가 진땀 흘리는 것만이 반드시 좋은 교육이라 할 수는 없다. 스스로 걷지 않는 아이는 교사가 끌어줘야 하므로 힘든 법이다. 하지만 아이가 스스로 잘 걸으면 교사가 편해지는 게 당연하다. 나는 이 방법을 '수도水道 방식'이라고 부른다. $\begin{array}{r} 234 \\ +352 \\ \hline \end{array}$ 는 한 자릿수의 덧셈을 세 번 반복해야 하는데 매우 간단한 원리다. 그러므로 이것을 표준형이라고 하자. 가장 높은 곳에 표준형을 두고, 조금씩 틀을 바꿔서 0이라든가 받아올림이 나오는 형태로 바꾼다. 그리고 점점 가지치기해서 마지막에는 144가지의 형태를 완성한다.

아래 그림은 마치 도시의 수도 설비와 똑 닮아 있다. 수원지가 가장 높은 곳에 있고, 수도관으로 점차 갈라져서, 각 가정의 부엌에 도달한다. 그러므로 나는 이것을 연구할 때 반쯤 농담으로 '수도 방식'이라는 이름을 붙였는데, 어느샌가 그것이 정식 명칭이 되어버렸다.

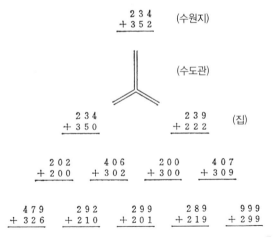

106

그다지 멋진 이름은 아니지만 수도는 수많은 가정에 들어가고, 누구라도 사용할 수 있으므로 이 방법이 수도처럼 보급되기를 바라는 마음도 담겨 있다.

가장 처음에 있는 표준형을 우리는 '수원지'라고 한다. 높은 곳에 있는 수원지에 물을 넣어 두면 가만히 놔둬도 지구의 인력으로 물은 자연스럽게 흐른다. 그런 뜻에서 나는 이것을 수도 방식이라고 불렀다.

수도 방식의 성과를 말하자면, 계산 문제의 경우 평균 70점이었던 것이 대체로 90점 정도까지 올라갔다고 한다.

신임교사가 가르쳐도 마찬가지다. 조금 노련한 교사라면 더 높은 95점까지도 높일 수 있다고 한다. 평균점수가 20점은 확실히 올라갔다고 한다.

그 이유는 타일을 이용함으로써 아이들이 자릿수를 명쾌하게 이해할 수 있게 되었기 때문이다. 저학년이 계산을 틀리는 이유는 대부분 자릿수의 원리가 흔들리기 때문이다. 그것만 바로잡아 주면 계산은 자연스럽게 가능해진다. 그러므로 초등학교 1학년 때 가장 중요한 내용이 바로 자릿수라 할 수 있다.

극단적으로 말하자면 다른 자잘한 것은 가르치지 않아도 좋으니 자릿수와 산용 숫자의 구조는 확실히 가르쳐야 한다. 자릿수를 파악하면 다른 것도 자연스럽게 이해하게 된다. 암산 방식에서는 자릿수는 제대로 가르치지 않아도 된다고 주장하므로, 계산에서 가장 중요한 자릿수를 아이에게 제대로 이해시키는 것은 절대 불가능하다.

감법

    다음은 뺄셈, 즉 감법이다. 뺄셈은 덧셈을 뒤집어 놓은 것뿐이다. 그러므로 덧셈과 같은 방식으로 접근하면 된다.

    뺄셈의 기본과정에서 받아내림이 있는 경우가 있다. 예를 들어 13에서 7을 뺄 때다. 이것은 6+7=13의 반대다. 빼는 숫자와 답이 한 자릿수이며, 빼기 전 수가 10 몇이다. 뺄셈은 덧셈의 반대지만 덧셈보다는 약간 어렵다. 심지어 뺄셈에는 덧셈에서는 일어나지 않는 문제가 발생한다.

    우선 일본 방식과 유럽 방식의 차이를 들 수 있다. 유럽은 다음과 같은 사고가 매우 강하다. $\frac{8}{-5}$ 라는 계산을 할 때 우리는 8에서 정말로 5를 빼서 3이라는 답을 낸다. 하지만 유럽에서는 5에 얼마를 더하면 8이 될지를 생각한다. 식으로 쓰면 5+□=8의 □를 구하는 셈이다. '뺄 숫자에 얼마를 더하면 빼기 전 숫자가 되는가. 바로 3이다.' 이런 식이다.

    언제나 이런 방법을 쓰는 것은 아니지만 독일의 한 교과서에는 $\frac{358}{-234}$ 와 같은 뺄셈을 할 때 우선은 4에 얼마를 더하면 8이 되는지를 생각하게 한다. 답은 4다. 3에 얼마를 더하면 5가 되는가 하면 2, 2에 얼마를 더하면 3이 되는가 하면 1, 이런 방식으로 가르치는 곳도 있다.

    이 뺄셈을 '보가법補加法'이라고 한다. 식으로 쓰면 5+□=8이 되므로 이것은 본격적인 뺄셈이라고 할 수는 없다.

    유럽에서 왜 이런 방법을 쓰는 것일까? 아마도 거스름돈을 내주는 계산에서 비롯된 것으로 보인다. 가령 600엔짜리 물건이 있다고 치자. 나는 1000엔을 내고 그 물건을 사려 한다. 이때 유럽에서는 우리처럼 1000엔에서 물건값 600엔을 빼는 방법을 사용하지 않는다. 유럽 사람들은 사는 사람이 1000엔을 내면, 파는 사람이 우선 600엔짜리 물건을 가지고 와서 받은 돈 1000엔과 같게 만들기 위해서 돈을 얼마 더 보충하면 되느냐를 생각한다. 그런 식으로 400엔을 보충하면 600엔+400엔이 1000엔이 된다. 이 1000엔의 가치와 손님이 낸 1000엔짜리 지폐를 교환한다는 감각이다. 이것은 어디까지나 금전 계산이다. 어떤 의미에서는 일본의 뺄셈보다 유치할지도 모른다. 바로 이것이 유럽인이 계산에 서툰 하나의 이유라고 생각한다.

그런데 일본에서도 이 방법을 따라서 5+□=8과 같은 문제를 교과서에 많이 실었다. 일본인은 빼기를 확실히 알고 있다. 그러니 어지간한 경우가 아니라면 이런 계산을 무턱대고 시킬 필요가 없다. 이것은 일본인이 유럽인의 관습을 비판 없이 그대로 받아들인 전형적인 예다.

'8은 5와 무엇?'이라는 의미를 아이들은 이해하기 힘들어한다. '와'는 영어로는 and인데 '더한다'는 의미가 있다. 그러나 일본어의 '와'에는 더한다는 의미가 들어 있지 않다. '와'는 그저 두 개를 나열할 때 쓰는 조사일 뿐이다. and를 사전 그대로 직역해도 일본어가 되면 뜻이 달라진다. 이 또한 유럽 방식을 비판 없이 수용한 결과다.

감감법과 감가법

받아내림이 있는 뺄셈에도 두 종류가 있다. 13-7을 예로 들면 하나는 '감감법減減法'이라 한다. 뺄셈을 두 번 하는 방법이다. 13에서 7을 뺄 때 1의 자릿수인 3에서 7을 빼려고 하면 빼지지 않는다. 7에서 3을 뺀다 해도 아직 다 뺀 것이 아니다. 얼마나 덜 뺐느냐 하면 7-3=4 즉 4만큼 덜 뺐다. 그러므로 그 4를 10에서 다시 빼면 10-4=6이 나온다. 이것을 식으로 쓰면

$$13-7=(10+3)-7=10-(7-3)=10-4=6$$

이 된다.

뺄셈을 두 번 하므로 이것을 '감감법'이라고 한다.

또 한 가지는 아래와 같은 방법이다.

$$13-7=(10+3)-7=(10-7)+3$$

10에서 7을 빼면 3이다. 이 3에 3을 더하면 6이 나온다. 이것은 뺀 후에 더하므로 '감가법減加法'이라고 한다.

유럽의 교과서는 대체로 '감감법'을 적용했다고 한다. 어느 쪽이 아이들이 이해하기 쉬울까? 바로 감가법이다. 뺄셈은 덧셈보다 어려우므로 뺄셈을 두 번 하는 것보다 뺄셈 덧셈을 한 번씩 하기가 더 쉽기 때문이다. 하지만 아이들은 감가법으로 배워도 익숙해지면 자연스럽게 스스로 고민하여 감감법도 할 수 있게 되기도 한다. 머릿속에서 이루어지는 작용이므로 통제할 필요는 없다. 따라서 감감법으로 가르치면 안 된다는 주장은 옳지 않다.

2단 받아내림

세 자릿수의 뺄셈에서 가장 어려운 것은 $\frac{902}{-229}$ 와 같은 계산이다. 1의 자리인 2에서 9를 빼려 해도 뺄 수 없다. 그때 보통의 경우라면 앞자리에서 10을 빌려와서 12를 만든 후 뺄셈을 한다. 이렇게 원래라면 옆자리의 10에서 하나 빌려오면 되지만 공교롭게도 이 문제에서는 앞자리의 수가 10에 미치지 못한다. 어쩔 수 없이 한 자릿수 더 앞자리 수인 100에서 빌려와야 한다. 100에서 빌려 오려면 구체적으로 어떻게 해야 할까? 바로 그림처럼 100, 즉 타일 1장을 우선 타일 10자루로 나눈다. 그리고 이 한 자루의 10에서 9를 뺀다. 100을 10자루로 나누고, 1자루를 10개로 나누는 것이다. 다시 말해 분해를 두 단계에 걸쳐 해야 한다.

이 계산은 아이에게는 어려울 터이다. 이것은 '2단 받아내림'이라 할 수 있다.

지금까지는 이 2단 받아내림에 들어가면 한 반에서도 낙오자가 꽤 나왔다. 그러나 타일을 사용하면 분해 과정이 쉽게 이해되므로 낙오자가 나오지 않는다. 이 문제에 다다르면 타일의 위력이 얼마나 대단한지 확실히 느낄 수 있다.

승법

다음으로는 곱셈, 즉 승법을 살펴보도록 하자. 제1장 양에서 곱셈은 덧셈의 반복이 아니며, 일단 덧셈과는 독립된 계산법 중 하나로 보자고 말했다. 곱셈은 '1개당 얼마인 물건이 몇 개분 있다'라고 생각하면 된다. 앞서 2×3을 그렇게 가르쳤다. 이것은 '1개당 2 있는 물건을 3개분'으로 계산한 숫자라고 정의했다. 타일로

표현하자면 2를 세로로 연결한 다음, 그것을 옆으로 세 개 잇는다. 옆의 그림처럼 말이다. 따라서 2×3=6이 된다. 이처럼 타일로 2×3의 의미를 확실히 이해하여, 답을 구하는 것이 가능해진다. 여기에서도 타일을 세로로든 가로로든 얼마든지 늘려서 이어나갈 수 있다는 장점이 있다.

곱셈의 가장 기초가 되는 계산, 즉 승법의 기본과정은 1의 자리끼리의 곱셈이다. 이것은 바꿔 말하면 바로 우리가 알고 있는 곱셈의 '구구단'이다.

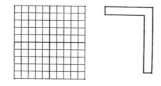

곱셈의 기본과정 '구구단' 5·2진법

이 '구구단'을 어떻게 외우게 하면 좋을까. 이것도 타일을 사용하면 매우 가르치기 쉽다. 우선 위의 그림처럼 10×10의 종이를 만든다. 이것은 모눈종이여도 좋고 타일이어도 좋다. 그런 다음 두꺼운 종이로 ㄱ자를 만든다. 그리고 2×3=6을 나타내고 싶으면 해당하는 곳에 ㄱ자 종이를 대고 ㄱ자에 해당하는 부분만 보여준다. 그렇게 하면 아이는 2×3을 계산하려면 2×3=6(이삼은 육)이라는 '구구단'을 적용하면 된다는 사실을 깨닫는다. ㄱ자 판을 움

직이면 모든 '구구단'을 말할 수 있다.

지금까지는 '구구단'을 앵무새처럼 무조건 암기했다. 따라서 거기에 '양'이 존재한다는 증거를 대지 못했다. 하지만 타일을 사용하면 양이라는 증거가 제대로 있으므로 양과 확실히 연관 지을 수 있다. 2×3=6이라는 말을 들으면 아이는 이 타일을 떠올릴 것이다. 교사가 칠판에 모눈종이를 그려서 보여주면 아이는 2×3부터 떠올린다. 그리고 2×3이라는 '구구단'을 적용한다는 사실을 깨닫고 답을 구한다.

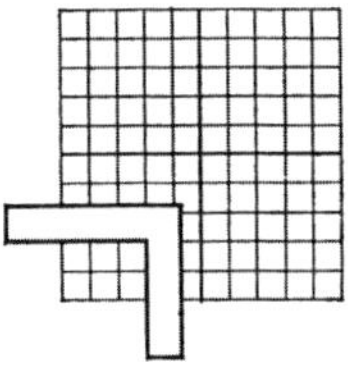

첫 단계에서는 아이에게 답을 말하도록 강요하지 않는다. 그저 타일과 ㄱ자 판을 이용하여 만약 ㄱ자 판의 꼭짓점이 가리키는 곳이 5와 6 있는 칸이라면 아이에게 '5×6'이라고 말하는 연습을 시킨다. 이때 30이라는 답은 아직 소리 내어 말하지 않아도 된다. 이처럼 구구단 훈련법은 2단계로 나눌 수 있다. 먼저 5×6을 말하는 연습을 한다. 그다음에는 30을 말하게 한다.

기존의 방식처럼 구구단을 앵무새처럼 통으로 암기하면 4와 7이 헷갈릴 때도 있었다(일본어에서는 4와 7의 발음이 '시し'와 '시치しち'로 비슷하다-역자 주). 하지만 타일을 이용하는 방식이라면 잊어버렸을 때 머릿속에 떠올리기 매우 편리하다.

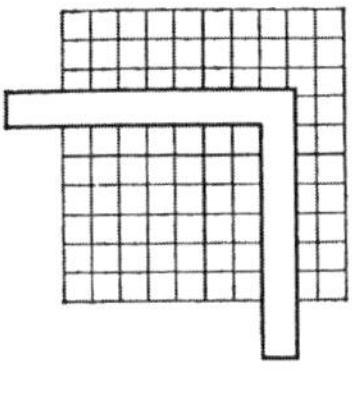

이때도 5·2진법을 적용해 5가 있는 곳에 선을 그어 둔다. 그러면 아이가 스스로 이 타일을 보고 실제로 대답할 수 있게 된다. 6×7은 5×5가 25라는 것을 알고 있으면 일단 타일 25칸을 셀 수 있다. 그리고 타일 5칸이 세 줄 있으니 15도 찾을 수 있다. 그리고 나머지가 2칸이다. 그것을 통해 6×7=42라는 답이 나온다. 구구단을 잊어버렸다 해도 금세 답을 찾을 수 있다. 지금까지 초등학교 2학년은 '구구단' 연습을 하느라 꽤 많은 시간이 걸렸지만, 이 방법으로 연습하면 매우 짧은 시간에 구구단을 익힐 수 있다.

일본의 구구단

곱셈의 '구구단'에 관해서도 유럽의 생각과 일본의 생각은 다르다. 일본에서는 곱셈의 '구구단'은 예전부터 노래처럼 외워야 한다고 믿었다. 즉 곱셈의 기본과정이라는 개념을 일본인은 확실히 알고 있었던 셈이다. 그러나 유럽은 달랐다. 물론 언어의 차이도 있다. 숫자 말이 합리적이지 않으니 리듬을 살려 부르기가 어렵다. 그러므로 노래처럼 만들어 외우는 것은 불가능했다.

일본에서는 나라 시대에 곱셈의 '구구단'을 '흥얼거림'이라고 불렀다. '구구단'을 일종의 리듬 좋은 노래로서 외운 것이다. 다만, 지금과는 다르게 9×9=81부터 시작해서 '구구단'라는 이름이 붙었다고 한다.

리듬 좋은 노래로서 구구단을 외웠다는 하나의 증거가 있다. 가령 '2, 1은 2', '2, 7에 14', '2, 9 18'처럼 같은 단이라도 리듬을 살리기 위해 조사를 넣거나 빼기도 했다. 리듬을 살려야 더 외우기 쉬우므로 리듬을 맞추기 위해 조사를 이용한 것이다. 일본에서 '구구단'은 일종의 노래이기 때문이다.

한편, 한 자릿수끼리 곱할 때 특히 주의해야 할 것은 0이다. 필산에서는 아무래도 ×0, 0×를 포함한 '구구단'을 제대로 익혀두어야 한다. 암산 중심의 방식에서는 0이 들어간 '구구단'은 다루지 않는다. 0이란 원래 암산과는 상관없기 때문이다.

자릿수가 많은 필산, 예를 들어 $\begin{array}{r} 203 \\ \times\ 54 \end{array}$ 와 같은 곱셈에서는 0의 단이 필요해진다. 3×4=12는 '구구단'을 이용하면 되지만, 0×4는 어떻게 해야 할까. 0×4=0이라는 사실을 가르치지 않으면 아이들은 혼란에 빠지고 만다. 2×4=8은 '구구단'으로 해결된다. 하지만 0×4라는, 아이들이 '구구단'으로 해결할 수 없는 부분이 나온다.

하지만 이때도 토끼 귀로 설명하면 쉽다. 2×0을 설명할 때 토끼가 한 마리도 없으므로 귀가 하나도 없는 거라고 말해주면, 아이들은 아무런 저항 없이 이해할 수 있다. 곱셈을 덧셈의 반복이라고 가르치지 않고 진정한 의미를 설명해주면 풀 수 있다.

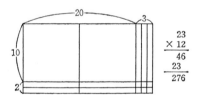

두 자릿수 이상의 곱셈 가령 $\begin{array}{r} 23 \\ \times 12 \end{array}$ 도 물론 한 자릿수의 곱셈을 조합한 후, 나중에 덧셈하면 된다. 숫자를 각기 곱한 것을 모아 나중에 더하는 것이다. 이것도 타일로 하면 계산의 법칙을 금방 이해할 수 있다. 왜 중복해서 각 숫자를 곱해도 괜찮은지는 타일을 보면 곧바로 이해할 수 있다.

제법

　다음으로 나눗셈이다. 가령 12÷4, 이 식에는 두 가지 의미가 있다. 바로 등분제와 포함제다. 12개의 귤을 4개의 접시에 똑같이 나눈다면 접시 1개에 몇 개가 올라가는가. 이것이 바로 등분제다. 한편 귤 12개를 한 접시에 4개씩 담는다면 몇 접시가 되는가. 즉 12 안에 4는 몇 개 포함되어 있는지를 묻고 있다. 의미는 분명히 다르지만 답은 같은 3이다. 이것은 어떻게 생각해야 할까.

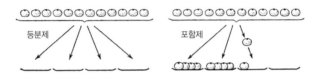

　등분제와 포함제는 의미가 다르다는 것만 강조한 채, 아무런 설명 없이 그대로 두면 두 개념이 전혀 상관없는 다른 것이 되어버린다. 그러므로 처음 가르칠 때 이 두 가지가 의미는 다르지만 결국 같은 답이 나온다는 사실을 확실히 짚고 넘어가야 한다. 등분제와 포함제는 의미를 전환할 수 있기 때문이다. 하지만 지금껏 이런 교육은 별로 하지 않은 듯하다.

　그렇다면 어떻게 해야 할까. 가령 열두 장의 트럼프카드를 네 명에게 나눠 준다. 그러면 한 명이 몇 장씩 받게 될까. 이것은 등분제다.

　하지만 여기에서 나눠 주는 방법을 달리하여 사람 네 명을 앞에 두고 트럼프카드를 한 명에게 한 장씩 순서대로 나눠 준다. 한 바퀴 돈 후 다시 처음부터 한 장씩 돌린다. 그렇게 돌리다 보면 한

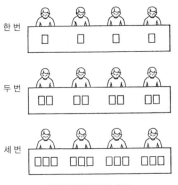

한 번

두 번

세 번

트럼프카드를 나눠 주는 방법

바퀴 돌았을 때는 네 장이다. 두 바퀴 돌리면 여덟 장……이런 식으로 진행된다. 네 장의 카드가 12 안에 몇 개 포함되어 있는지를 보면 몇 번 나눠 주었는지 알 수 있다. 이처럼 열두 장 안에 네 장이 몇 번 포함되어 있는지를 묻는다면 포함제라고도 볼 수 있다. 총 세 번 나눠 주므로 한 사람당 세 장이라는 사실을 알 수 있다. 등분제를 트럼프카드 나눠 주기로 설명하면 보는 방법에 따라서는 포함제가 되기도 한다. 그러므로 같은 답이 나오는 것은 당연하다. 등분제와 포함제는 이렇게 트럼프 나눠 주기를 이용하면 의미 전환이 가능해진다.

어느 미개민족 안에 들어가 이런 문제에 봉착한 사람의 이야기에 따르면 나눠 주는 방법이 확실히 정착되어 있지 않다고 한다. 가령 네 명의 사람에게 과일을 나누는 상황이라고 치자. 수많은 과일을 우선 눈대중으로 적당히 네 개의 더미로 나눈 후, 이

	분리량	연속량
등분제	↕	
포함제		

더미가 너무 많다 싶으면 가장 작아 보이는 더미로 옮기는 식이다. 이렇게 시행착오를 반복하며 나눈다고 한다.

적당히 더미를 나눠 두고 나중에 조절한다. 하나의 더미가 너무 많으면 다른 더미로 옮긴다. 너무 적으면 다른 곳에서 집어 온다. 그 방법에 비하면 트럼프를 나눠 주는 방법은 어떤 의미에서 고급스럽다 하겠다. 여기에서는 등분제와 포함제를 확실히 구별한다. 구별하는 것뿐 아니라 나중에 연관 짓는다.

계산 방법에서도 0이 중요하다. $5 \overline{)3}$, 즉 3을 5로 나눈다. 이것은 정수일 경우 다음처럼 생각해도 좋다. 세 개의 사과를 다섯 명에게 나눠 준다고 하자. 그렇게 하면 트럼프 나눠주는 방법으로 하면 첫 단계에서부터 사과가 모두에게 돌아가지 않는다. 따라서 그 방법은 불공평하므로 모두에게서 다시 사과 3개를 돌려받는다. 그리고 그것을 나머지로 삼아야만 한다. 그러므로 $\begin{array}{r} 0 \\ 5 \overline{)3} \\ \underline{0} \\ 3 \end{array}$ 이라는 계산 식이 나온다. 0이 몫이 되고 3이 나머지가 된다.

이것은 필산에서는 필요하다. 특히 자릿수가 많은 계산에서는 더 필요하다. 그런데도 지금껏 이런 연습은 하지 않았다.

지금까지 아이들에게 나눗셈을 가르칠 때 나누어떨어지는 것이 일반적이고 그렇지 않은 것은 막연히 나쁘다는 생각을 주입했다. 하지만 이것은 잘못되었다. 나누어떨어지지 않는 경우가 훨씬 많기 때문이다.

그러므로 앞으로는 나눗셈은 나머지가 나오는 것이 더 일반적이라고 생각할 수 있도록 가르치고, 어쩌다 나머지가 0이 될 때,

이런 걸 나누어떨어진다고 생각하도록 가르치자.

나눗셈이라는 것은 가감승제에서 가장 어려운 계산이다. 덧셈도 뺄셈도 곱셈도 모두 사용한다.

한 자릿수의 나눗셈이라면 괜찮지만 두 자릿수의 수를 한 자릿수로 나눌 때는 어떻게 하면 좋을까.

$3 \overline{)76}$ 은 타일로 하려면 다음과 같다.

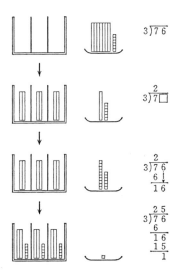

여기에서 나눗셈은 몫을 세우고, 곱하고, 빼고, 받아내린다는 네 절차의 반복이라는 사실을 알 수 있다. 우선 7과 3만 보고 2를 쓴다. 이것은 2를 몫으로 세운 것이다. 그리고 이렇게 세운 2와 3을 곱한다. 그리고 7에서 뺀다. 그다음 6을 받아내린다. 세우고, 곱하고, 빼고, 받아내린다는 네 가지 절차가 여기에서 아직 끝나지 않았다면 다시 한 번 더 한다. 이처럼 네 가지 절차를 반복하여 진행한다. 물론 곱셈은 계산으로서는 ×다. 빼는 것은 물론 −, 받아내리는 것은 다음 자릿수의 숫자를 내리는 것이므로 +이다.

몫 세우기

가장 먼저 해야 하는 '몫 세우기'는 나눗셈만의 특징이다. 여기가 만약 6이었다면 3에 무엇을 곱하면 6이 되는지를 알 수 있지만, 이번에는 그리 간단하게 나오지 않는다. 그렇다면 여기에 무슨 숫자를 몫으로 세워야 할지 판단해야만 한다.

7을 3으로 나눌 때 아무렇게나 대충 짚어서 계산해본 후에, 잘 안 되면 다시 돌아가는 과정이 필요하다. 즉 시행착오다.

이것은 덧셈, 뺄셈, 곱셈에는 없는 사고다. '몫 세우기'는 나눗셈에만 등장하는 나눗셈 특유의 성질이라 가장 어렵다. 이 몫 세우기의 어려움을 지금까지는 제대로 가르치지 않았던 것 같다. 지금까지는 몫을 어떻게 세워야 할지 아이가 제멋대로 생각하도록 했다.

나눗셈에서는 주로 몫 세우기에서 아이들이 넘어진다. 역시 이것도 생각하는 법과 최종적으로 가장 적합한 방법을 가르쳐야 한다.

그렇다면 지금까지는 몫 세우기를 어떻게 가르쳤을까? $3\overline{)731}$을 계산하려 할 때는 3단의 '구구단'을 하게 했다. $1 \times 3 = 3$이므로 이것을 빼본다. 그다음은 $3 \times 2 = 6$이라는 '구구단'을 사용하여 몇 번이고 도전해보게 했다. 그리고 적당한 지점에서 가령 이 경우에

$$\begin{array}{r} 2 \\ 3\overline{\smash{)}731} \\ \underline{6} \\ 13 \end{array}$$

는 $\quad$ 가 된다. 3×1=3, 3×2=6이라는 두 번의 시행착오로 2

가 나왔다.

여기에서 몫으로 세우는 숫자는 작은 쪽부터 시작
하면 좋을지, 아니면 큰 것부터 시작해야 좋을지 하는

$$\begin{array}{r} 1 \\ 3\overline{\smash{)}731} \\ \underline{3} \\ 4 \end{array}$$

문제가 발생한다. 작은 쪽부터 시작하면 3×1=3, 3×
2=6 이런 식으로 나아가지만, 아이들이 자주 틀리는 이유가 2를
몫으로 세우기 전에 1에서 그만두기 때문이다. 물론 이 경우에는
나머지가 3보다 커진다. 여기에서 아이들은 나머지가 나누는 수
보다 크다는 잘못을 깨닫지 못하는 일이 자주 일어난다. 즉 충분
히 빼지 못한 것이다.

이 어려움을 해결하기 위해서는 큰 수부터 몫을 세우는 것이
좋다.

극단적으로 3×9=27부터 시작해서 3×8, 3×7,……

$$\begin{array}{ccccccc} 9 & & 8 & & 7 & & & 3 & & 2 \\ 3\overline{\smash{)}\ 7} & & 3\overline{\smash{)}\ 7} & & 3\overline{\smash{)}\ 7} & \cdots\cdots & & 3\overline{\smash{)}7} & & 3\overline{\smash{)}7} \\ 27 & & 24 & & 21 & & & 9 & & \underline{6} \\ & & & & & & & & & 1 \end{array}$$

이라고 적용해본다. 27에서 7과 비교하면 아직 많으므로 뺄 수
없다. 3×8=24도 뺄 수 없으므로 안 된다. 점점 내려간다. 3×
3=9도 7에서 뺄 수 없으므로 안 된다. 그다음에는 하나 더 줄여
서 3×2를 하면 6이 되어, 비로소 뺄 수 있게 된다. 이때 계산만
틀리지 않는다면 나머지가 나누는 수보다 많아질 우려는 없다.

위에서 아래로 내려오면서 바로 앞까지는 빼지 못했던 것이 처
음으로 뺄 수 있는 순간이 찾아온다. 바로 그것이 진짜 답이다.

이런 점에서도 몫으로 세우는 수를 큰 것부터 시작하는 게 더 유리하다. 작은 수부터 거슬러 올라가면 그 직전까지 갔다가 멈춰버릴 위험이 있다.

이처럼 나눗셈을 할 때 3×9=27, 3×8=24처럼 위에서 내려오는 '구구단'을 연습해두는 것이 좋다고 생각한다. 나는 이것을 '내림구구'라고 부르는데 '내림구구'를 하는 편이 실제로 오류가 적다.

다음으로 두 자릿수를 나눌 때는 어떨까. 두 자릿수로 나누는 나눗셈은 어려운 계산이다. 이 또한 힘든 점은 '몫 세우기'이다. 가령 지금까지는 29로 나눌 경우 30으로 쳐서 어림짐작으로 대충 예상했다. 하지만 그 방법은 바람직하지 않다. 가령 $29\overline{)6548}$의 경우에 한 자릿수의 '구구단'밖에 알지 못하므로 두 자릿수×두 자릿수의 '구구단'은 없다.

우선 9는 숨겨두고 2만 주목한다. 즉 가장 큰 자리의 수에만 집중하고 다른 자릿수는 무시한다. 구체적으로는 가린 채 가르친다. 29의 9를 가린다는 것은 사실 29를 20으로 보는 것이다. 그러므로 실제로 나누는 숫자보다 작은 숫자로 나누는 셈이 된다.

2와 20의 차이는 자릿수가 하나 다르다는 것뿐이다. 수치는 같다. 결국 29를 20으로 보고 예상하게 된다. 그렇게 되면 '몫 세우기'를 할 때 실제보다 나누는 수가 작으므로 나누어지는 수는 커질 것이다. 2라고 생각하고 몫으로 세운 수는 29로 나눌 때보다 큰 수가 나온다.

$$\begin{array}{r} 3 \\ 29\overline{)6548} \\ 87 \end{array}$$

87은 65보다 크므로 3은 너무 크다는 사실을 알 수 있다. 따라서 몫을 2로 세워 본다.

$$\begin{array}{r} 2 \\ 29\overline{)6548} \\ 58 \end{array}$$

그렇게 하면 65보다 작은 58이 되어 이것이 바로 구하던 답이라는 사실을 알 수 있다.

위에서 아래로 내려가는 것이 이 점에서도 유리하다.

나눗셈은 어떤 의미에서 덧셈, **뺄셈**, 곱셈보다 훨씬 어렵다. 덧셈, **뺄셈**, 곱셈을 모두 포함하고 있으므로 나눗셈을 제대로 연습하면 다른 계산은 어느 정도 자연스럽게 연습할 수 있다. 그때 '몫 세우기'라는 단계에서는 수정 횟수가 적어야 편하다. 이 또한 지금까지의 지도법과는 다른 점이다.

이런 견해로 보면 10과 20 사이인 17, 18, 19 등으로 나누는 나눗셈이 가장 어렵다는 말이 된다.

가령 19에서는 19의 9를 숨기고 1만을 보고 몫을 세우면 9가 몫으로 선다. 그러나 9를 세우면 너무 크므로 8, 7……처럼 점점 작게 하면,

$$
\begin{array}{cccccc}
\begin{array}{r} 9 \\ 19\overline{)92} \\ 171 \end{array} &
\begin{array}{r} 8 \\ 19\overline{)92} \\ 152 \end{array} &
\begin{array}{r} 7 \\ 19\overline{)92} \\ 133 \end{array} &
\begin{array}{r} 6 \\ 19\overline{)92} \\ 114 \end{array} &
\begin{array}{r} 5 \\ 19\overline{)92} \\ 95 \end{array} &
\begin{array}{r} 4 \\ 19\overline{)92} \\ 76 \\ \hline 16 \end{array}
\end{array}
$$

이처럼 4까지 내려와야 비로소 목적에 도달할 수 있다. 즉 다섯 번의 수정이 필요한 것이다.

분수·소수

다음으로 분수와 소수의 계산으로 들어가도록 하자. 인간이 분리량만을 알고 그걸로 충분했던 시절에는 분수나 소수는 필요 없었다. 하지만 인간이 점점 집단을 이루어 생활하고 사회가 복잡해지면 아무래도 분수와 소수가 필요해진다.

가령 사람 스무 명이 모여서 멧돼지 세 마리를 잡았다고 치자. 분배하기 위해서는 3을 20으로 나누는 계산이 꼭 필요하다. 이렇게 되면 1이라는 끝수가 생긴다. 이렇게 연속량의 계산에는 끝수를 나타내는 수가 필요해진다. 그렇게 나온 것이 분수와 소수다.

고대 문명국에서는 분수와 소수 중 어느 쪽이 먼저 나왔을까? 이집트에서는 분수가 먼저 나왔다. 이집트에서는 매우 복잡한 분수 계산 방법이 연구되었다. 하지만 바빌로니아에서는 소수가 먼저 나왔다. 다만 바빌로니아의 소수는 60진법 소수인데 이것은 현대에 시간과 각도의 단위로서 남아 있다.

1시간을 60분으로 나누고, 1분을 60초로 나눈다. 각도를 재는 방법도 바빌로니아 방식이 남아 있다. 이 60진법은 5° 32′ 18″라는 기호로 쓴다.

비율 분수

분수, 소수는 연속량을 수로 나타내기 위해 만들어졌다. 이것은 역사적으로 의심할 여지가 없는 사실이다. 그러나 1958년 일본에서 내놓은 학습 지도 요령에는 이 사고를 도입하지 않고 분수란 두 개의 정수의 비율이라고 의미를 부여했다. 가령 $\frac{2}{3}$ 는 2와 3의 비율이라는 식으로 생각했다. 하나의 양이 아니라 두 숫자 사이의 어떤 관계로 이해하게 한 것이다. 이것을 '비율 분수'라고 한다. 나는 이 생각에 철저히 반대하지만, 문부성이 그렇게 정했으니 교과서는 이 방침으로 만들어졌다.

분수를 비율로 생각하는 것은 불가능하지는 않지만 아이에게는 매우 어려운 사고방식이다. 10년 정도 비율 분수로 가르쳤다가 결국 그만두었다.

왜냐하면 학력시험 때문이었다. 문부성은 매해 아이들에게 학력시험을 보게 했다. 하지만 비율 분수를 문제로 내면 성적이 형편없었다. 즉 아이들은 비율 분수를 이해하지 못한다는 것이 학력테스트를 통해 판명되었다. 그러니 아무리 문부성이라도 물러서지 않을 수 없게 되었다.

이번 지도 요령은 분수를 양으로서 인식하도록 바꿨다. 바꾼 것까지는 좋은데 지금껏 기존의 방식대로 배운 아이는 그냥 넘어간다.

분수를 초등학교 때 배우고 지금 중학교나 고등학교로 진학한 아이 중에 분수 계산은 할 수 있지만, 분수가 지니는 양의 의미를 잘 이해하지 못하거나, 애매하게 아는 아이들이 많이 나왔다. 이른바 비율 분수의 후유증이 커서, 분수를 잘 못하는 중고등학생이 적지 않다.

계산할 줄 아니까 이해하고 있다며 안심할지도 모르지만 '분수란 무엇인가?' 하는 가장 중요한 대목에서 흔들리는 아이들이 나온다. 이 현상은 교육 공해라고 불러도 좋다. 왜 분수를 비율이라고 정의했는지 모르겠다. 결국 지도 요령을 만든 사람의 기묘한 사고였다고 볼 수밖에 없다.

양으로서의 분수

분수는 어디까지나 연속량을 나타내는 수라고 이해해야 한다.

소수를 먼저 가르칠지, 분수를 먼저 가르칠지, 두 가지 파가 있는데 일장일단이 있지만 양으로서 가르친다면 어느 쪽을 먼저 가르쳐도 차이는 없다.

분수를 양으로서 인식하기 위해서는 역시 타일만 한 것이 없다. 타일은 정수에서 분수, 소수로 발전하기에도 매우 좋은 도구다.

$\frac{1}{2}$

$\frac{1}{3}$

$\frac{1}{4}$

분수를 가르칠 때는 타일이 조금 크면 좋다. 이 수준 정도에 오면 실물은 필요 없고 그림으로 그리는 것으로도 충분하다.

1의 타일 하나를 둘로 나눈 한쪽이 $\frac{1}{2}$, 셋으로 나눈 한쪽이 $\frac{1}{3}$, 넷으로 나눈 한쪽이 $\frac{1}{4}$, 이렇게 설명한다. 그리고 분수의 정의를 가르친다. $\frac{1}{3}$을 두 개 모은 것이 $\frac{2}{3}$, $\frac{1}{3} + \frac{1}{3}$이라는 것이다. 즉 $\frac{2}{3}$는 1을 3으로 나눈 것을 두 개 합친 것이다.

$\frac{2}{3}$

$\frac{3}{4}$

$\frac{2}{5}$

소수는, 10, 100, 1000……등의 분모를 가진 특별한 분수라고 생각하면 된다. 그러므로 분수의 계산 규칙을 분명히 해두

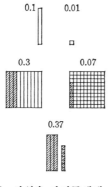

면 소수의 계산 규칙은 자연스럽게 이해하게 된다.

소수도 타일을 사용하면 양이라는 사실을 쉽게 이해할 수 있다. 즉 0.1은 1의 $\frac{1}{10}$, 0.01은 1의 $\frac{1}{100}$이라고 생각하면 된다.

여기에서 우선 필요한 일은 $\frac{2}{3}$ 란 2를 3으로 나눈 것이기도 하다는 사실을 아이들에게 이해시키는 것이다.

1을 3으로 나눈 것을 두 개 합쳤다는 의미와 2를 3으로 나눴다는 의미는 분명히 다르다. 그러나 비록 의미는 다르더라도 실제로는 같은 결과가 나온다는 사실을 아이들에게 가르쳐야 한다.

식으로 쓰면

$$\frac{2}{3} = \frac{1}{3} + \frac{1}{3} = (1 \div 3) \times 2$$

이것은 1을 3으로 나눈 것을 2배 곱한 것이다.

그것이 한편에서는 $2 \div 3$이 되어 있다. 이것은

$$(1 \times 2) \div 3$$

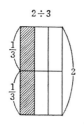

으로, 1을 2배 한 후 3으로 나눈 것이다. 앞쪽은 3으로 먼저 나눈 다음에 2를 곱했다. 나중 것은 2배 한 후에 3으로 나눴다.

이것도 타일을 사용하면 금

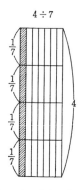

$4 \div 7$

방 이해가 된다. 2를 3으로 나누는 것은 2
÷3이다. 이것은 타일을 두 개 모은 것을
세로로 3등분한 것이다. 위도 $\frac{1}{3}$, 아래
도 $\frac{1}{3}$, $\frac{1}{3}$ 이 두 개 있다. 그러므로 이것
은 $\frac{2}{3}$ 가 된다. 이렇게 설명하면 금방 이해
할 수 있다. 이 또한 타일의 위력 중 하나다.

이 설명은 $\frac{2}{3}$ 뿐 아니라 몇 분의 몇이
든 같다. 가령 $\frac{4}{7}$ 도 4÷7이지만 타일을 4

개 모은 것을 세로로 7등분한다. 그 하나하나가 $\frac{1}{7}$ 이다. $\frac{1}{7}$ 이
4개 있으므로 이것은 $\frac{1}{7} + \frac{1}{7} + \frac{1}{7} + \frac{1}{7}$ 로, 즉 분수의 의미에
서 $\frac{4}{7}$ 가 된다. 이렇게 설명할 수 있다.

타일이 아니라면 이렇게 잘 설명할 수 없다. 1을 동그란 수도로
나타내면 이렇게까지 깔끔하게 설명하기는 힘들다.

지금의 교과서를 보면 분명 2÷3은 $\frac{2}{3}$ 라는 것을 직선을 사용
하여 길이로 설명한다. $\frac{2}{3}$ 는 알 수 있겠지만 그렇다면 4÷7은
어떨까. 같은 방법으로는 꽤 복잡하다.

아래 그림이 정말 4÷7인지 아닌지는 금방 알 수 없다. 길이를
이용한 설명은 $\frac{2}{3}$ 에만 통용되므로 $\frac{4}{7}$ 같은 것이 나오면 아이들
은 다시 복잡한 방법으로 계산해야 한다.

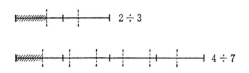

즉 직선을 사용한 설명법은 일반화할 수 없다. 하지만 타일로 설명해두면 일반화가 가능해진다. 정수일 때 타일을 가로와 세로 두 가지 방향으로 이어갈 수 있다는 것이 장점이라고 했는데, 그것을 거꾸로 말하면 여기에서처럼 세로로도 쪼갤 수 있고, 가로로도 쪼갤 수 있다는 것이다.

분수 계산

분수 계산에서 가장 기본적인 계산 규칙은 분모와 분자에 같은 숫자를 곱해도 분수의 크기는 변하지 않는다는 법칙이다.

이 또한 타일을 사용하면 금방 설명할 수 있다. 그림(a)의 빗금 부분에는 1을 3으로 나눈 것이 두 개 있으므로 $\frac{2}{3}$다. 이것을 옆으로 잘라보자.

그림(b)의 검정 부분은 1을 6으로 나눈 것 중 하나인 $\frac{1}{6}$이다. $\frac{1}{6}$이 네 개 있으므로 그림(a)의 $\frac{2}{3}$는 그림(b)에서 $\frac{4}{6}$가 된다.

$\frac{4}{6}$라는 것은 원래 분수고, 단지 이것을 나눈 것뿐이지 $\frac{2}{3}$와 크기는 달라지지 않았다는 사실은 분명하다. 그러므로 $\frac{2}{3}$는 $\frac{4}{6}$와 같은 크기라는 것도 금방 알 수 있다. 결국 $\frac{2}{3}$의 분모와 분자에 동시에 2를 곱해서 $\frac{2\times2}{3\times2}=\frac{4}{6}$가 된 것이다.

이번에는 그림(c)처럼 옆으

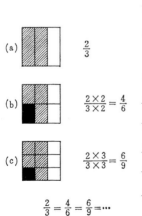

(a) $\frac{2}{3}$

(b) $\frac{2\times2}{3\times2}=\frac{4}{6}$

(c) $\frac{2\times3}{3\times3}=\frac{6}{9}$

$\frac{2}{3}=\frac{4}{6}=\frac{6}{9}=\cdots$

로 3등분해보면 검정 부분은 1을 9로 나눈 것 중 하나인 $\frac{1}{9}$ 이다. $\frac{1}{9}$ 이 여섯 개 있으므로 $\frac{6}{9}$ 이 된다. 이것은 분모와 분자에 3을 곱해서 나온 분수다. 네 개로 나누면 $\frac{8}{12}$ 이 된다는 사실도 금방 알 수 있다.

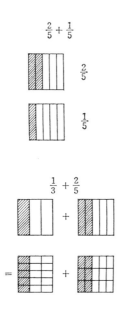

$$\frac{2}{5} + \frac{1}{5}$$

$$\frac{2}{5}$$

$$\frac{1}{5}$$

$$\frac{1}{3} + \frac{2}{5}$$

이것으로 분모와 분자에 어떤 같은 수를 곱해도 크기는 변하지 않는다는 사실을 알 수 있다. 타일은 정수뿐 아니라 분수, 소수의 계산 규칙을 설명하는 데도 적합하다.

덧셈도 가령 $\frac{2}{5} + \frac{1}{5}$ 이 되면 이것은 $\frac{1}{5}$ 이 세 개가 되므로 $\frac{3}{5}$ 이라는 사실을 금방 알 수 있다. 이렇게 분모가 같은 분수의 덧셈을 할 때는 분자를 더하면 된다는 규칙도 금방 나온다. 빼기도 완전히 같은 방식이다.

분모가 다를 때는 통분하면 된다는 사실도 알 수 있다. 통분은 분모와 분자에 같은 숫자를 곱해도 좋다는 규칙을 말한다.

가령 $\frac{1}{3} + \frac{2}{5}$ 를 계산한다면 $\frac{1}{3}$ 은 그림처럼 5등분한다. $\frac{2}{5}$ 는 3등분한다. 식으로 쓰면 $\frac{1 \times 5}{3 \times 5} + \frac{2 \times 3}{5 \times 3}$, 이것은 $\frac{5}{15} + \frac{6}{15}$ 으로 분모가 같으므로 분자를 더해서 $\frac{11}{15}$ 이 된다.

이로써 대체로 분수 계산의 기본적인 규칙이 성립하는데, 여기에서 가장 중요한 교재는 분수의 승제다. 즉 ×분수(곱하는 분수), ÷

분수(나누는 분수)의 설명이다. 이것이 지금까지 초등학교 산수의 최대 난관이었다. 이 난관에 부딪혀 낙오한 아이들이 많으며, 이것을 이해하지 못해서 산수가 싫어졌다는 아이들도 많다.

제1장에서 말한 것처럼 양을 뿌리에 두고 생각하여 곱셈과 나눗셈을 덧셈과는 분리한다.

'1개당 얼마짜리 물건의 몇 개분'인지 구하는 것이 곱셈이고, 반대로 '몇 개분에서 1개당 가격을 구하는 것'이 나눗셈이라고 생각을 바꾸면 어렵지 않다.

이 분수에 의한 승제, ×분수, ÷분수가 나오면 세기주의는 완전히 벽에 부딪히고 만다. 왜냐하면 세기주의는 1, 2, 3, 4⋯⋯라는 숫자 말과 서수를 기본으로 하고 있으므로 정수는 생각할 수 있어도 분수와 같은 연속량은 생각할 수 없다. 즉 세기주의에서는 양을 쫓아냈으므로 연속량은 감당할 수 없게 되었다. 세기주의를 받아들이는 전통적인 수학 교육에서는 분수, 소수의 의미를 양으로 파악할 수 없다. 그러므로 곱셈, 나눗셈을 제대로 설명할 수 없는 것이다.

이것은 지금까지 일본의 아이들뿐 아니라 전 세계의 아이들이 걸려 넘어진 최대의 난관이다. 특히 영어의 multiply는 곱한다는 뜻인데, 여기에 늘어난다는 의미도 포함되어 있으므로 더 그렇다. 다행히 일본은 곱한다는 말에 늘어난다는 뜻이 없기에 그 점에서는 어려움 없이 풀 수 있다.

×분수, ÷분수를 설명하기 위해 다양한 사고방식이 제기되었다. 일본의 전통적인 방식에서는 배라는 것을 가르침으로써 그것을 뛰어넘고자 했다. 즉 1배, 2배와 같은 것을 $\frac{1}{2}$ 배, $\frac{2}{3}$ 배처럼

분수배에까지 확장하려 했다. 배는 곱셈이므로, 배라는 것이 나오면 곱셈을 사용하면 된다는 식으로 생각했으리라. 하지만 배라는 말의 본래 의미에서 보면 이것은 매우 무리한 확장이다. 배는 늘어나야 하는 개념이다. '다른 사람보다 1배 친절하다ひと一倍親切だ(다른 사람보다 훨씬 친절하다는 뜻—역자 주)'라고 이야기하니까. $\frac{1}{2}$ 배라든가 $\frac{2}{3}$ 배라는 것은 '배'를 제멋대로 확장한 사고 결과다.

그렇다면 ×분수, ÷분수에 들어가기 전 단계로서 분수에 어떤 정수를 곱하거나, 분수를 어떤 정수로 나누는 계산을 해보자.

어떤 수에 정수를 곱하는 것은 1개당 양을 그 정수만큼 꺼내두는 것이므로 $\frac{2}{5} \times 3$은 타일로 나타내면 아래와 같다.

$$\frac{2}{5} \times 3$$

즉 $\frac{1}{5}$이 6개가 되어 $\frac{6}{5}$ 즉 분모는 그대로 두고 분자에 3을 곱하면 된다는 사실을 알 수 있다.

$$\frac{2}{5} \times 3 = \frac{2 \times 3}{5} = \frac{6}{5}$$

또한 정수로 나눌 때는 가령 $\frac{2}{5} \div 3$은 그림처럼 옆으로 3등분으로 나누면 1개는 $\frac{1}{15}$이 되어(그림의 검정 부분), 이것이 두 개분이므로 $\frac{2}{15}$가 된다.

결국 분자를 그대로 두고 분모에 3을 곱해서 얻을 수 있다는 사실을 알 수 있다.

$$\frac{2}{5} \div 3 = \frac{2}{5 \times 3} = \frac{2}{15}$$

132

그러므로 다음과 같이 말할 수 있다.

'분수에 정수를 곱하기 위해서는 분모를 바꾸지 않고 분자에 그 정수를 곱하면 된다.'

'분수를 어떤 정수로 나누기 위해서는 분자를 그대로 두고 분모에 그 정수를 곱하면 된다.'

분수의 곱셈

다음으로 분수를 곱하기 위해서는 어떻게 하면 좋을까.

가령 다음과 같은 문제를 생각해보자.

$1\,\ell$ 의 무게가 $1\frac{1}{2}\,\mathrm{kg}$ 의 곡물이 있다. 이 곡물의 $2\frac{3}{5}\,\ell$ 의 무게는 얼마인가.

$$1\frac{1}{2} \times 2\frac{3}{5} = \frac{3}{2} \times \frac{13}{5}$$

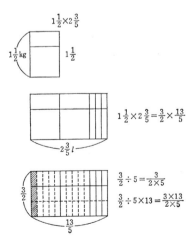

이 문제는 1ℓ 당 무게에서 $2\frac{3}{5}$ℓ 분을 구하는 것이므로 곱셈이 된다.

우선 타일을 사용하여 세로 방향으로 $1\frac{1}{2}$을 잡고, 다음으로 가로 방향으로 $2\frac{3}{5}$을 잡는다.

이러면 곱셈의 의미를 확실히 알 수 있다. 그다음에는 구체적인 계산법을 생각하면 된다.

여기에서 우선 $\frac{1}{5}$ℓ 분을 계산한다. 그러기 위해서는 1ℓ 분을 5로 나누면 된다. 그림에 5등분의 세로 선을 넣었다. 빗금 부분을

$$\frac{3}{2} \div 5 = \frac{3}{2 \times 5}$$

식으로 나타내면

가 된다. 그런 다음 13배 한다. 이것을 정리하여 식으로 나타내면

$$\frac{3}{2} \div 5 \times 13 = \frac{3 \times 13}{2 \times 5}$$

결국 $\times \frac{13}{5}$ 은 $\div 5 \times 13$과 같으며, $\frac{3}{2}$ 의 분모인 2에 $\frac{13}{5}$ 의 분모인 5를 곱하고, 분자인 3에 $\frac{13}{5}$ 의 분자인 13을 곱한 것이다.

분수에 다른 분수를 곱하기 위해서는 분모끼리 곱한 것을 분모로, 분자끼리 곱한 것을 분자로 두면 된다는 사실을 알 수 있다.

분수의 나눗셈

분수의 나눗셈을 어떻게 해야 할까. 아이가 의문을 품지 않게 가르치는 방법은 없을까. 우선 나누어지는 쪽을 양이라고 생각하자. 그것을 나타내기 위해서는 얼마든지 나눌 수 있는 물을 사용

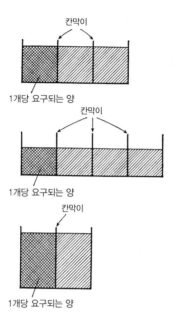

칸막이

1개당 요구되는 양

칸막이

1개당 요구되는 양

칸막이

1개당 요구되는 양

한다. 물은 액체이므로 얼마든지 잘게 나눌 수 있기 때문이다.

물을 수조에 넣고 나눈다고 치자. 3으로 나눌 때는 세 개의 방을 만든다. 각 방에 물을 넣는다. 이 한 개가 전체의 물을 3으로 나눈 양이 되어 있을 터이다.

4로 나눌 때는 네 개의 방을 만들어 물을 넣는다. 실제로 물을 사용해서 찬찬히 가르쳐주면 좋겠지만, 그림으로도 설명할 수 있다. 가령 2로 나누고 싶다면 방을 2개로 나누어 물을 넣고 가르치면 된다.

그렇다면 $\div 2\frac{3}{5}$ 은 어떻게 하면 좋을까. 이 부분이 중요하다.

수조를 2와 $\frac{3}{5}$ 까지 넓혀서 물을 넣는다. 두 개의 방과 $\frac{3}{5}$ 으로 나뉘어 있는 수조에 물을 넣는 것이다. 그때 방 한 개의 양, 즉 1개당 값을 구한다.

우선 한 개의 방을 5로 나누면, 같은 공간이 13개 나온다. 이 한 개분은 전체를 13으로 나누면 나온다. 이 계산의 최종 목적은 방 한 개당 값을 내는 것이므로 그다음에는 이것을 5배 하여 방 한 개당 값을 구한다.

즉 13으로 나눠서 5배 해두면 되는 것이다. 그러므로

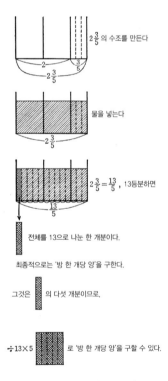

$2\frac{3}{5}$ 의 수조를 만든다

물을 넣는다

$2\frac{3}{5} = \frac{13}{5}$, 13등분하면

전체를 13으로 나눈 한 개분이다.

최종적으로는 '방 한 개당 양'을 구한다.

그것은 ▊ 의 다섯 개분이므로,

÷13×5 ▨ 로 '방 한 개당 양'을 구할 수 있다.

÷분수 (나누는 분수)

136

$\div \frac{13}{5}$ 은 $\div 13 \times 5$ 다.

즉 '분수로 나눌 때는 분자로 나누고 분모를 곱하면 된다.' 분수를 다른 분수로 나눌 때는 나누어지는 분수의 분모와 나누는 분수의 분자를 곱한 것을 분모로 삼고, 나누어지는 분수의 분자와 나누는 분수의 분모를 곱한 것을 분자로 삼으면 된다. 이처럼 분수의 나눗셈이라는 초등학교에서는 가장 어려운 계산이 이렇게 설명하면 쉽게 이해할 수 있다.

이렇게 설명해 나가면 1보다 작은 분수로 나누면 늘어난다는 것을 금방 알 수 있다. 가령 $\frac{1}{3}$ 쪽에 물 전체를 넣으면, 1개당 양보다 많아질 것이다. 물의 양을 일정하게 한다면 방의 크기가 좁아지면 좁아질수록 높이가 늘어난다. 즉 1개당 양이 늘어나는 셈이다.

검정 표지 교과서에서는 이것을 전혀 설명하지 않고 분수로 나눌 때는 분자로 나누고 분모를 곱한다는 식으로 가르쳤다. 대체 무슨 소리인지 알 도리가 없으니, 학생을 고민에 빠트렸을 뿐 아니라 가르치는 교사도 골치를 앓았다. 나누는 분수가 나올 때 어떻게 설명해야 할지 몰라 난감했기 때문이다.

규슈의 시골에서 있었던 일이다. 규슈는 더운 곳이므로 밥을 지어 밥통 같은 데 넣어 두면 금방 쉰다. 그러므로 밥을 바구니에 넣어서 서늘한 곳에 달아 두었다. 밥이 들어 있지 않을 때는 바구니를 뒤집어서 못에 걸어 둔다. 그러므로 분수의 나눗셈은 '뒤집어 곱하기'(일본어에서 '곱하다'는 '걸다'와 소리가 같다-역자 주)이므로 이 밥 바구니를 떠올리라고 가르친 교사가 있었다.

물론 이 방법으로도 기억하기는 쉽지만, 자세한 이유는 알 수 없다. 산수의 규칙으로서는 외울 수 있지만 분수의 나눗셈을 구체적인 문제에 적용하면 어떻게 해야 할지 몰라 갈팡질팡한다.

지금까지 나눗셈의 설명으로서는 가령 다음과 같은 방법이 있다. $\frac{4}{5} \div \frac{2}{3}$, 이런 나눗셈을 어떻게 해야 할까. 나눌 때는 $\frac{4}{5}$ 가 분자가 되고 $\frac{2}{3}$ 가 분모가 된다. 일종의 분수가 되는 셈이다.

$$\frac{\left(\frac{4}{5}\right)}{\left(\frac{2}{3}\right)}$$

분수라는 것은 $\frac{정수}{정수}$ 인데, $\frac{분수}{분수}$ 에까지 같은 규칙을 적용할 수 있다는 사실은 처음에는 잘 모를 것이다. 하지만 일단 그렇게 식을 세워두고, 이것은 분모와 분자이므로 같은 수를 곱해도 좋으니, 양쪽에 같은 3을 곱하고, 5를 곱한다.

$$\frac{4}{5} \div \frac{2}{3} = \frac{\dfrac{4}{5}}{\dfrac{2}{3}} = \frac{\dfrac{4}{5} \times 3 \times 5}{\dfrac{2}{3} \times 3 \times 5} = \frac{4 \times 3}{2 \times 5}$$

그러나 이 설명 방법은 형식적이라 크게 와 닿지 않는다.

제3장
집합과 논리

집합이란?

집합이란 영어로 말하면 set인데, 이것은 일본에서도 자주 사용되는 말이다. 응접세트라든가, 커피세트처럼 무언가가 하나로 모여 있는 상태를 뜻한다. 집합보다 세트라는 말이 더 이해하기 쉽다. 집합을 일상적인 말로 하면 '모음'이다. 영어에서는 학술용어와 일상어가 대부분 같다. set는 일상어지만 학술적인 장면에서는 집합이라는 뜻으로 쓰인다.

일본어는 집합이라고 하면 보통 동사로 사용한다. '정오에 운동장에 집합하라'고 할 때는 '모여라'든가 '모인다'는 의미의 동사다. 그러나 수학에서 집합은 명사로 사용된다. 영어처럼 학술 용어와 일상어가 같은 것은 매우 바람직하다. 하지만 일본어는 그렇지 않다.

집합의 원래 의미는 '모음'이다. 그러므로 전혀 어려운 개념이 아니다. 모음이란 우리가 늘 생각하고 있는 개념이다. 집합이라는 말을 공공연하게 쓰지 않더라도 모음 자체는 늘 생각하고 있다.

우리는 길에서 친구를 만나면 "가족 모두 건강하지?"라고 인사한다. 이때 우리는 가족이라는 집합을 생각하고 있다. 굳이 집합이라는 말을 넣는다면 "네 가족 집합은 모두 건강하지?"라고 묻는 셈이다.

요컨대 대상을 한데 묶어서 생각하는 것은 인간이 늘 하는 일이므로 전혀 새로울 것이 없다.

특히 가족이라든가, 같은 반 친구의 집합은 모두 유한한 개수로 구성된 집합, 즉 유한집합이다. 또한 집합이라고 해서 반드시 물체의 집합만 존재하는 것은 아니다. 물체가 아닌 추상적인 개념의 집합도 포함한다.

가령 일주일의 요일이 모여 있는 것 또한 집합이다. 이 집합은 {일, 월, 화, 수, 목, 금, 토} 총 일곱 개다. 월요일은 물체가 아니다. 손으로 집어서 보여줄 수는 없지만 그래도 집합의 원소라 할 수 있다. 요컨대 집합을 이루는 원소에는 물체뿐 아니라 생각해낸 개념도 포함된다. 집합 이론의 창시자 칸토어(1845~1918년)는 집합을 다음과 같이 정의했다.

"집합이란 우리의 직관 혹은 사유의 잘 구별된 대상—집합의 원소라는 대상—을 하나의 전체로 묶은 것이다."

이 정의에서 '직관의 대상'은 형태가 있는 물체여야 하지만, '사유의 대상'은 인간 대부분이 머리로 생각한 것이라면 뭐든 좋다는 이야기다.

여기까지 오면 집합의 정의가 점점 어려워져서 아이들도 좀처럼 생각하기 어렵다. 가령 헌법 조문의 경우 헌법 제1조, 제2조라고 나오는데 그것을 하나로 간주하여 일종의 집합이라고 봐도 좋을 것이다. 헌법 조문은 딱히 물체라 할 수 없다. 또한 사이교西行법사(일본 헤이안 시대의 승려-역자 주)의 『산가집山家集』에 실려 있는 와카和歌(일본 고유의 정형시-역자 주)의 모음도 역시 집합이다. 한 수 한 수의 와카는 물체가 아니지만, 사유의 대상이므로 역시 와카의 모음은 틀림없는 집합이다.

그래도 유한집합은 쉬운 편이다. 아이들은 어떨지 모르지만 적어도 어른의 입장에서는 쉽다.

무한집합

어려운 것은 무한집합이다. 가령 직선 위의 점의 집합을 생각해 보자. 점은 무한하게 존재하므로, 그것을 하나의 집합으로 파악하는 일은 실제로 매우 어렵다. 무한집합을 처음으로 생각해낸 사람은 칸토어인데, 이것이 집합론이라는 새로운 학문의 출발점이 되었다.

이런 집합론을 학교에서 가르치는 일은 과연 옳을까? 나는 순서만 제대로 잡는다면 가르치는 편이 낫다고 본다. 다만 지금 교과서에 나오는 지도법에는 크게 의문이 든다. 쉬운 개념과 어려운 개념이 한꺼번에 포함되어 있기 때문이다. 유한집합은 쉽지만 무한집합은 훨씬 어려워서 아이들이 따라오기 힘들어진다. 그런데도 마구잡이로 섞여 나온다.

아이들의 경우에는, 무언가의 모음이라면 그 모인 상태를 머릿속으로 떠올릴 수 있어야 한다.

가령 가족은 쉽게 떠올릴 수 있는 집합이다. 아이는 저녁때 가족이 모두 함께 모여 있는 장면을 떠올리기만 하면 되기 때문이다.

혹은 같은 반 친구들의 집합도 좋다. 또 같은 반 어머니의 집합도 학부모회 등으로 모인 상태를 떠올릴 수 있으므로 생각하기 쉬운 예다. 그러나 아버지의 집합은 떠올리기 힘들지도 모른다. 아버지들이 모일 기회는 비교적 적기 때문이다.

유한집합 중에서도 아이들이 떠올리기 쉬운 것과 그렇지 않은 것이 있을 터이다. 하물며 무한집합을 어려워하는 것은 당연하지 않을까?

가령 '모든 정사각형의 집합' 등이 예로 나오는데, 정사각형이 모여 있는 상태를 머릿속에 떠올리는 일은 아이들에게 쉽지 않을 것이다. 이런 상황을 고려하지 않고 아무 생각 없이 가르치려는 자세는 바람직하지 않다. 물체의 집합은 쉽지만 개념의 집합은 어렵기 때문이다.

집합의 정의

집합을 수학 안에서 다루기 위해서는 언제나처럼 기호를 사용한다. 수학이라는 학문은 기호를 사용하여 다양한 연구를 하므로, 집합의 기호를 우선 알아두어야 한다.

가장 빠른 것은 집합을 이루는 하나하나의 구성 분자, 즉 '원소'를 일일이 써 나가는 방식이다. 일주일의 요일 집합을 말할 때, 한데 모았다는 의미를 드러내기 위해 괄호로 묶는 식이다. 이것이 하나의 집합이 되는 것이다.

요일의 집합={일, 월, 화, 수, 목, 금, 토}

일, 월,……이라는 것은 각기 하나의 원소다. 즉 원소를 일일이 열거해서 그것을 { }으로 묶어두면 된다. 이것은 가장 직접적이고 이해하기 쉬운 방법이다.

하지만 원소를 일일이 열거하기 힘들 때도 있다. 가령 '모든 일본인의 집합'은 한 사람 한 사람 열거하는 일이 사실상 불가능하다. 그렇다면 어떻게 해야 할까? 바로 해당 집합의 원소가 지니는 공통적인 성질을 문장으로 쓰면 된다. 가령 '모든 일본인의 집합'은 다음과 같이 쓴다.

　　　　　　'x는 일본인이다. 그러한 모든 x의 집합'

집합기호로 나타내면 다음과 같다.

　　　　　　　　{x|x는 일본인이다}

이렇게 쓰면 이것은 모든 일본인의 집합을 나타낸다. 세로 선 다음에 집합의 원소를 충족하는 조건을 제시하는 식이다. 1억 이 상의 원소를 모두 열거하는 것은 불가능에 가깝지만, 이렇게 조건 을 제시하면 너무도 쉽게 집합을 표현할 수 있다. x는 일본인이며, 그러한 모든 x의 집합이다. 이것은 너무도 유럽다운 사고를 나타 내는 표기법이다. 관계대명사의 방식이 적용되었기 때문이다.

The set of all persons, who are Japanese.

{x|x는 일본인이다}와 비교해보도록 하자. 관계대명사 who는 선행사인 all persons와 같다. 앞의 x가 all persons다. 세로 선 은 쉼표에 해당한다고 할 수 있다. 세로 선 다음에 오는 x가 who 에 해당한다. who 이하는 문장이다. 세로 선 이하는 집합을 규정 하는 조건을 문장으로 제시한 것이다.

이것을 내포적 정의라고 한다. '내포적'이라는 말은 그 집합의 모든 원소가 공통으로 내부에 지니고 있다는 뜻이다. 다시 말해 각 원소에 '내포하고 있는' 공통의 성질을 바탕으로 내린 정의다.

한편, 요일의 집합={일, 월, 화, 수, 목, 금, 토}를 보자. 이것은 외연적 정의라고 부른다. 모든 일본인의 집합은 외연적 정의를 하 기 힘들다. 일본 전국의 관공서에 가서 호적을 전부 가지고 와야 하고, 국세조사도 해야 한다. 하지만 그런 것을 하지 않고도 내포 적 정의를 이용하면 머릿속에서 생각할 수 있으므로 손쉽다.

하지만 실제로 일일이 세기도 힘든 데다 1억 명이 넘으니 현실적으로 귀찮은 문제가 꽤 있다. 가령 세는 순간에 태어난 사람은 어떻게 할 것인가. 또 그 순간에 죽은 사람은 어떻게 할 것인가 등의 성가신 문제가 많다. 특히 무한집합은 외연적 정의가 불가능하다. 왜냐하면 무한개의 것을 열거하는 일은 불가능하기 때문이다.

원소

수의 덧셈, 곱셈, 뺄셈 등의 계산을 하는 것과 마찬가지로 집합도 계산법을 고안하여 계산의 대상으로 삼는다. 그것을 집합산集合算이라고 부른다.

우선 A라는 집합을 $A=\{a_1,\ a_2,\ \cdots\cdots\}$이라는 모음으로서 외연적으로 정의했을 때 a_1, a_2, ……는 A의 구성분자, 즉 원소다. 쉽게 말하면 모임의 구성원이다.

이때 'a_1은 집합 A의 원소다', 'a_1은 집합 A에 속한다'라고 말한다. 수학에서는 늘 나오는 문장은 문장으로 쓰지 않고 기호화한다. 방금 제시한 문장은

$$a_1 \in A$$

라고 쓴다. 즉 a_1은 A의 원소라는 사실을 기호화했다.

a, b, c로 나타내면 로마자는 겨우 스물여섯 개뿐이지만, a_1, a_2라고 기호를 붙이면 백 번째를 나타낼 때는 100을 붙여서 a_{100}이라고 표현할 수 있다. 이것은 이른바 등 번호 방식이라 할 수 있다. 어떤 경우에는 이 방법이 더 편하다. 이 방법도 역시 기호 만들기의 달인인 철학자 라이프니츠Gottfried Wilhelm von Leibniz가 고안했다.

다음으로 b가 $A=\{a_1,\ a_2,\ \cdots\cdots\}$에 속하지 않을 때, 즉 $b{\in}A$가
아닐 때는 이것을 부정하는 기호로 A의 원소가 아님을

$$b \notin A$$

라고 쓰고 'b는 A의 원소가 아니라는 사실'을 나타낸다.

엡실론이라고 부르는 기호 $\in$는 어디에서 유래했는지 정확히
알 수는 없지만, 독일어 enthalten '포함된다'라는 글자의 앞글자
e를 따온 것으로 보고 있다. e는 그리스어로 엡실론 $\in$다. 집합론
의 창시자 칸토어는 독일인이었기에 이런 유래가 나온 것으로 보
인다.

이는 기하학에서도 가령 'AB라는 직선과 CD라는 직선이 수직
이다'라고 할 때 'AB$\perp$CD'라고 쓰는 것과 같다. 자주 나오는 문장
은 기호로 나타내는 것이 수학의 방식이다.

부분과 전체

두 개의 집합, A와 B가 있고 다음과 같이 표기한다. $A=\{a_1,\ a_2,$
$\cdots\cdots\}$, $B=\{b_1,\ b_2,\ \cdots\cdots\}$. 이때 B의 원소, 즉 $b_1,\ b_2,\ \cdots\cdots$가 모두 A
의 원소 중 일부다. 요컨대 B의 원소가 모두 A에 포함된다. 이때
'B는 A의 부분집합이다.'

이라고 한다. 이것을

$$B \subseteq A$$

라고 쓴다.

물론 부분집합이란 일부분의 집합이다. 수학에서는 A자신도 A
의 부분집합이라고 간주한다. 그 자신을 '부분'이라고 말하는 것은

146

일반적인 표현 방식과는 차이가 있다.

$$A \subseteq A$$

부분은 전체가 아니라는 것이 일반적이지만, 수학에서는 이 대목이 일반적인 상식과는 약간 다르다. 수학에서는 자기 자신도 부분으로 본다. 그러므로 기호에 등호를 넣는 이유는 자신의 집합과 똑같은 경우도 포함하기 때문이다.

칸토어 시대에는 $A \subseteq A$를 $A \subset A$라고 썼다. $\subset$는 부등호이자 대소기호라서 $A \subset A$라고 쓰면 왼쪽이 오른쪽보다 작은 것처럼 보이므로 지금은 $A \subseteq A$라고 쓰는 경우가 많아졌다.

이렇게 집합과 집합 사이에 '부분, 전체'라는 관계가 생긴다. 이것은 수에서의 크고 작음과 똑 닮았다.

예를 들면 도쿄東京에서 요코하마橫浜까지 JR 역의 집합은 도쿄, 유라쿠초有楽町, 신바시新橋,……가 있다. 그때 요코스카센橫須賀線이 멈추는 역은 도쿄, 신바시, 시나가와品川, 가와사키川崎, 요코하마가 있다. A를 도쿄에서 요코하마까지의 JR 역의 집합이라고 하자. 역이 사물인지 아닌지는 모르지만 일단 건물은 있다. 집합이란 사물뿐 아니라 상상할 수 있는 것이라면 뭐든 괜찮으므로 JR 역의 모음도 집합이다. B는 요코스카센이 정차하는 역의 집합이라고 하자. 그러면 B는 A의 부분집합이 된다. 이 경우 $B=A$가 아니므로 기호적으로는 $B \subsetneq A$이라고 쓸 수 있다.

다른 예로 한 반 학생의 집합 전체를 생각해보자. 한 반에 학생이 40명이라고 하자. 그중에서 어제 결석한 아이의 집합은 부분집합이다. 혹은 오늘 결석한 아이들의 집합도 부분집합이다. 오늘 출석한 아이들 집합도 부분집합이다. 그러나 한 사람도 결석하지 않았다면, 반 전체의 집합과 같아진다. 이 또한 부분집합이다. 혹은 한 반의 남자아이의 집합도 부분집합이다. 당연히 여자아이의 집합도 부분집합이다. 이처럼 집합과 집합 사이에는 부분과 전체의 관계가 성립한다. 이것은 숫자의 크고 작음과 매우 비슷하다. 전체 집합의 원소 개수는 부분집합의 원소 개수보다 작아지지 않는다.

여집합

따라서 진짜 부분집합, 다시 말해 상식적인 의미에서의 부분, 즉 전체와 일치하지 않는 부분집합을 진부분집합이라고 한다. 한 반의 남학생 집합은 그 반에 여학생이 한 명이라도 있다면 진부분집합이다. 그냥 부분집합이라 하면 전체도 포함되지만 '진'이라는 글자가 들어가면 전체와는 다르다는 것을 의미한다.

가령 반 아이들 전체의 집합을 E로 나타낸다고 치자. 그 안에서 A를 남학생 집합, B를 여학생의 집합이라고 하자. 그러면 B는 E에서 A를 제한 나머지다. 이때 B는 A의 여집합이라고 한다. A의 여집합을 나타내는 기호는 다양하다. $\bar{A}$, A', A^c 등의 표현법이 있다. 실제로 학교에서 가르칠 때 $\bar{A}$를 주로 사용한다고 하니, 여기에서는 $\bar{A}$를 사용하겠다. 그러므로 B는 A의 여집합이라는 것을 나타낼 때

$$B = \bar{A}$$

라고 쓴다.

A^c는 영어 complementary의 c를 따온 것이다. 기하학에서 보

각이라는 개념이 있었다. 두 개의 각을 더해 180도가 될 때, 180도에서 한 각을 뺀 나머지 각을 보각이라고 한다. 그 개념과 마찬가지다.

제2장에서 말한 구잔을 여기에 적용해볼 수 있다. 어떤 집합이 있다고 치고 그 집합의 진부분집합이 있다면, 그 여집합의 개수를 구하는 것이 바로 구잔이다.

일관적으로 말할 수 있는 것은 여집합의 여집합은 자기 자신이라는 사실이다. 기호로는 아래와 같이 표현한다.

$$\bar{\bar{A}} = A$$

한 반의 남학생 집합의 여집합은 여학생 집합이다. 또한 여학생 집합의 여집합은 남학생 집합이다. 여집합을 서로 보완하는 집합이라는 의미에서 '보補집합'이라고도 부른다.

한편 보수補數에도 '보'자가 쓰였는데, 3의 보수는 7, 7의 보수는 또 3이다. 보수를 두 번 구하면 자기 자신이 나온다.

교집합

다음은 집합의 공통부분, 즉 '교집합'에 대해 알아보자. 한 반의 아이들 전체 집합을 E라고 하고 A와 B 모두 그 부분집합이라고 하자. 즉 $A \subseteq E$, $B \subseteq E$. 이때 A와 B 양쪽 모두에 포함된 원소의 집합을 생각해보자.

예를 들면 A가 남학생의 집합, B는 어제 결석한 학생의 집합이라고 하자.

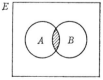

그러면 A, B 양쪽 모두에 공통되는 집합은 남학생이면서도 어제 결석한 아이의 집합, 즉 어제 결석한 남학생의 집합이다. 그림으로 그리면 빗금 부분에 해당한다. 이것을 공통집합 혹은 '교집합'이라고 한다.

교집합은 영어로는 meet, 즉 만남이다. 공통집합을 기호로 나타내면

$$A \cap B$$

이라고 쓴다. 위쪽이 둥근 ∩이다. ∩의 모양이 베레모를 닮아서 cap(캡)이라고도 한다.

A와 A의 교집합은 양쪽 모두에 공통적인 집합, 이것은 A자신이다. 즉 아래와 같이 표현한다.

$$A \cap A = A$$

남학생의 집합과 남학생의 집합, 양쪽 모두에 속해 있는 것은 남학생 전체다. 완전히 겹쳐지므로 그 자신의 집합이다.

A와 B의 교집합은 B와 A의 교집합이다. 즉 아래와 같이 쓴다.

$$A \cap B = B \cap A$$

A와 B를 쓸 때 순서는 바꾸어도 되므로, 이 또한 명확하다.

또 부분집합이 세 개 있는 집합을 생각해보자. 그림 1에서 $A \cap B$는 빗금을 그은 부분이다. 이것과 C의 교집합은 $(A \cap B) \cap C$로, 검정으로 칠한 부분만을 나타낸다. 이것은 $A \cap (B \cap C)$라고 표현해도 좋다. 그러므로 그림 2에서 $B \cap C$는 빗금 부분, 그리고 빗금 친

그림 1

그림 2

부분과 A의 교집합이므로 역시 검정 부분이 된다. 바로 집합 A, B는 물론 C에도 포함된 원소를 나타낸 것이다. 조건을 죽 나열해 보면 조건을 뒤집어도 결과는 마찬가지다. 그러므로 괄호를 어떻게 치느냐에 따라 다르지만, 괄호 없이 써도 마찬가지다. A, B, C 모두에게 포함된다는 것은 곧

$$A \cap B \cap C$$

라고 써도 좋다는 이야기다.

$$(A \cap B) \cap C = A \cap (B \cap C) = A \cap B \cap C$$

이 또한 $\cap$의 규칙이다.

한편 $A \cap B$는 수의 곱셈과 닮았다.

$A \cap B = B \cap A$는 곱셈의 $a \times b = b \times a$로, 순서를 바꿔도 된다는 규칙과 똑 닮았다. 이것 역시 교환법칙이라고 부른다. 그리고 $(A \cap B) \cap C = A \cap (B \cap C) = A \cap B \cap C$도 $(a \times b) \times c = a \times (b \times c)$와 마찬가지다. 이것을 결합법칙이라고 한다.

수의 경우와 형태가 매우 비슷하므로 이해하기 쉽다. 다만, $A \cap A = A$만큼은 수의 곱셈과 다르다. 수의 곱셈에서는 $a \times a = a$가 성립하지 않는다. 이것이 성립하는 경우는 0과 1뿐이다.

합집합

다음은 합집합에 대해 알아보자. 합집합을 '전체집합'이라고도 한다. 이것은 그림으로 나타내면 양쪽을 모두 합친 부분이다. 빗금을 그은 부분 전체를 합집합이라고 한다. 이것을 $A \cup B$ 라고 쓴다. $\cup$라는 기호는 모양 때문에 cup(컵)이라고도 한다.

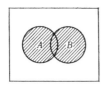

이것은 덧셈과 매우 비슷하다. 하지만 당연히 똑같지는 않다.

∪도 앞서 말한 ∩과 똑같은 규칙이 성립한다. A와 A자신의 합집합은 A다.

$$A∪A=A$$

이다. 그러므로 앞서 말한 규칙을 그대로 뒤집어놓은 법칙이 모두 성립하는 것이다. 직접 확인해보도록 하자.

$$A∪B=B∪A$$

$$(A∪B)∪C=A∪(B∪C)=A∪B∪C$$

결합법칙도 교환법칙도 그대로 성립한다. 집합의 기호는 고민하여 절묘하게 만들어진 것이다.

그리고 여집합, 합집합, 교집합 세 가지의 기호 간에 매우 중요한 규칙 하나가 성립한다.

드모르간의 법칙

그것을 드모르간의 법칙이라고 한다. 드모르간의 법칙이란 다음과 같다.

A와 B의 교집합 전체의 여집합은 A와 B 각각의 여집합의 합집합이다. 기호로 나타내면 다음과 같다.

$$\overline{A∩B}=\bar{A}∪\bar{B}$$

이것을 그림으로 말하면 그림 3의 흰 부분은 $A∩B$다. 좌변은 이 $A∩B$의 여집합 $\overline{A∩B}$이므로 이것은 빗금 부분이 된다. 우변은 어떨까? $\bar{A}$는 그림 4로 말하면 A의 바깥, 즉 빗금 친 부분이다. $\bar{B}$

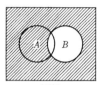

그림 3   그림 4   그림 5

는 B의 바깥부분, 그림 5의 빗금 부분이다. 우변은 $\bar{A}$와 $\bar{B}$의 합집합인데 그림 4와 그림 5를 합하면 이것은 그림 3의 빗금 부분과 완전히 일치한다. 또한 A와 B의 합의 여집합은 각각의 여집합의 교집합이다. 기호로 나타내면 다음과 같다.

$$\overline{A\cup B}=\bar{A}\cap\bar{B}$$

그림으로 말하면 $A\cup B$는 그림 6의 흰 부분이다. 식의 좌변은 $A\cup B$의 여집합인 $\overline{A\cup B}$로, 빗금 친 부분이다. 우변의 $\bar{A}$는 그림 7의 빗금 부분이며 $\bar{B}$는 그림 8의 빗금 부분이다.

그림 6   그림 7   그림 8

우변은 $\bar{A}$와 $\bar{B}$의 교집합이다. 이것은 결국 그림 7과 그림 8의 빗금이 겹치는 부분이므로 결과적으로는 그림 6의 빗금 부분과 일치한다. 따라서 이 규칙은 성립한다.

즉 여집합을 만들 때는 cap과 cup을 반대로 바꾸면 된다. 이것이 바로 드모르간의 법칙이다.

공집합

여기에서 또 하나 설명해두고 싶은 것이 '공집합'이다. 공집합이란 원소를 단 하나도 포함하지 않는 집합을 말한다. 텅 빈 집합이다. 제2장에서 숫자 0을 설명할 때 그릇만 있고 안에 아무것도 들어 있지 않은 상태라고 설명했는데 바로 그것이 공집합의 개념이다.

공집합이란 원소의 개수가 0인 집합이라고 정의 내릴 수 있다.

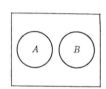

수에 0이 있는 것과 마찬가지로, 집합에도 공집합이 존재한다고 생각하면 된다. 그림처럼 A와 B가 떨어져 있다. 즉 교집합이 없는 경우에 '$A \cap B$가 없다'고 표현하면 예외가 생겨서 헷갈리므로 혼란을 막기 위해서 '$A \cap B$는 공집합이다'라고 표현한다.

그렇게 하면 교집합은 언제나 존재한다. 가령 '신칸센을 달리는 증기기관차의 집합'은 공집합이다. 실제로 그런 기차는 한 대도 없으니까. 공집합이라고 표현하더라도 실제로는 그런 사물이 그 어디에도 없다는 사실을 나타낸다.

공집합도 집합의 한 종류로 생각하면 무척 이해하기 쉬울 것이다. 공집합은

$$\{ \ \}$$

이렇게 중괄호만 쳐 놓고 안에 아무것도 안 쓰면 된다. 이렇게 써 놓으면 공집합이라는 걸 금방 알 수 있다. 가령 학급 전체 학생의 집합을 E라고 한다면 E의 여집합은 공집합이다.

$$\bar{E} = \{ \ \}$$

또, 공집합을 0에 사선을 그은 ϕ이라는 기호로 나타낸다. ϕ는 그리스 문자 '파이'다.

$$\{ \ \}=\phi$$

이것은 0과 비슷하다.

한편 여집합을 만드는 방법은, 마치 빼기와 같다. 완전히 같지는 않지만 비슷하다고 할 수 있다.

수에서 다룬 $a(b+c)=ab+ac$라는 분배법칙과 매우 비슷한 규칙이 집합에서도 성립한다.

$$A\cap(B\cup C)=(A\cap B)\cup(A\cap C)$$

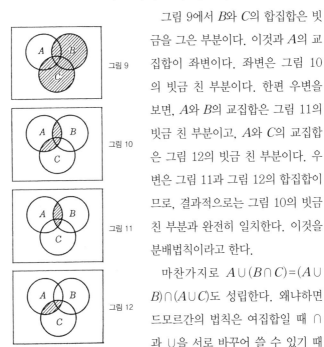

그림 9

그림 10

그림 11

그림 12

그림 9에서 B와 C의 합집합은 빗금을 그은 부분이다. 이것과 A의 교집합이 좌변이다. 좌변은 그림 10의 빗금 친 부분이다. 한편 우변을 보면, A와 B의 교집합은 그림 11의 빗금 친 부분이고, A와 C의 교집합은 그림 12의 빗금 친 부분이다. 우변은 그림 11과 그림 12의 합집합이므로, 결과적으로는 그림 10의 빗금 친 부분과 완전히 일치한다. 이것을 분배법칙이라고 한다.

마찬가지로 $A\cup(B\cap C)=(A\cup B)\cap(A\cup C)$도 성립한다. 왜냐하면 드모르간의 법칙은 여집합일 때 ∩과 ∪을 서로 바꾸어 쓸 수 있기 때문이다. 그러므로 A 대신 A의 여집합을 대입하면 똑같이 성립한다. cap과 cup을 드모르간의 법칙에 따라 서로 바꿔 쓸 수 있으므로 $A\cap(B\cup C)=(A\cap B)\cup(A\cap C)$이 성립한다면 당연히 $A\cup(B\cap C)=(A\cup B)\cap(A\cup C)$도 성립할 것이다. 직접 증명할 수도 있지만 생략하기로 하자.

이러한 계산을 통해 다양한 규칙을 확인하려는 것이 집합산이다. 그러므로 이것을 아이들에게 이해시키려 할 때는 여집합을 정확히 만들 수 있는지, 공집합과 합집합을 정확히 만들 수 있는지 살펴가며 점진적으로 연습시키도록 하자.

나는 어린아이에게 집합을 가르칠 때 단순히 설명만 하는 것은 그다지 의미가 없다고 본다. 논리와 동시에 진행해야 의미가 있을 것이다.

논리

논리에는 형식논리, 변증법적 논리 등이 있지만, 여기서 말하고자 하는 논리는 일반적으로 형식논리라고 불리는 것이다.

논리란 인간의 사고 중 한 측면을 형식화한 것이다. 지금부터 이야기하는 논리를 통해 일반적인 일본어로 표현되는 사고를 모두 포괄할 수 있을까? 절대 불가능하다고 본다.

여기서 말하는 형식논리는 지극히 단순한 논리다. 그리고 일본어로 표현되는 논리의 극히 일부분에 지나지 않는다. 이 논리는 기호를 사용하므로 기호논리라고도 하는데 기호논리는 일본어로 표현되는 사고나 추론을 전부 포괄할 수 없다. 우선 그 사실을 짚고 넘어가려 한다.

명제

논리를 생각할 때 우선 우리가 문제시하는 것은 명제다. 명제란 하나의 문장으로 나타냈을 때 '무엇이 어떻게 하다'라는 형식으로 나타낸다. '무엇이'가 주어이고 '어떻게 하다'가 술어다. 명제는 '무엇이', '어떻게 하다', 이 두 가지로 이루어져 있다. 따라서 '개'만으로는 명제라 할 수 없다. '개가 달리고 있다'는 문장이 명제다. '달리고 있다'도 명제가 아니다. 최근 아이들의 만화에는 '야―'라는 식의 완전하지 않은 대사가 나오는데, 이것은 명제라 할 수 없다.

간단히 말하면 명제란 주어+술어다. 명제는 문장으로 표현해야 한다.

한편 수학은 기호로 표현한다. 만약 '비가 온다'는 명제가 있다면 수학에서는 이것을 A라고 표현한다. '바람이 분다'는 명제는 B로, '눈이 온다'는 명제를 C라고 표현한다. 명제로서는 물론 이것이 and라든가 or로 이어지는 형태라도 좋다. '어제, 비가 오고, 바람이 불었다'도 명제다.

참과 거짓

다음의 명제에는 매우 중요한 가정이 들어 있다. 명제란 참이나 거짓 둘 중 하나에 해당한다는 가정이다. 명제에는 참 아니면 거짓인 경우밖에 없다. 누군가가 진위 결정을 할 수 있다는 전제가 깔린 셈이다.

하지만 실제로 우리 인간의 사고 회로는 보통 그렇게 돌아가지 않는다. 미래의 일을 이야기할 때는 애초에 참인지 거짓인지 알 수 없는 경우가 많다.

가령 날씨 예보는 대부분 단정적으로 말하지 않는다. 그러니 미 래형 문장의 진위는 미리 결정할 수 없다.

'내일은 12월 17일이다'라는 문장은 미래지만 사실이다. 이처 럼 미래라 하더라도 매우 확실한 경우도 있을 것이다. 하지만 대 부분은 불확실하다.

따라서 명제는 진위를 결정할 수 있다고 가정하는 것이다. 참과 거짓 둘 중 하나라는 것이다. 이러한 가정을 세우고 전개되는 논 리학을 이치논리학二値論理學이라 한다. 참과 거짓 두 값만을 취하 기 때문이다.

A라는 명제는 참이거나 거짓이지만, 그것을 다음과 같이 생각하 는 것이다. A는 참이라는 값을 취하거나, 거짓이라는 값을 취한다.

A라는 명제는 참이거나 거짓이지 그 중간은 없다. '내일은 비가 오겠습니다'라는 예보는 그 중간에 위치하며, 참이나 거짓을 결정할 수 없으 므로 이곳에서 말하는 명제가 아니다. 명제는 두 값 중 한쪽에 정확하게 떨어 진다. 과거에 있었던 일은 아마도 둘 중 하나에 해당할 것이다. 하지만 여기서 우리가 다루는 명제는, 어떤 것이든 참

이나 거짓에 해당할 테지만, 일단 처음에는 어느 쪽에도 해당하지 않는다고 생각하기로 하자.

기호는 참일 때 1이라고 하고, 거짓일 때 0이라고 표현하기로 하자. 즉 명제가 처음에는 1이 될지 0이 될지 정해지지 않은 것으로 치는 것이다.

'비가 온다'는 명제는 참일지 거짓일지 아직 결정되지 않았으므로 어느 쪽인지를 정하는 것은 논리학의 소관이 아니다. '태양이 서쪽에서 뜬다'는 문장은 명제로서는 훌륭하다. 다만 이것을 참 혹은 거짓으로 결정하는 것은 다른 사람의 몫이다.

부정

다음으로 명제 A의 부정명제 not A에 대해 생각해보자. A가 '바람이 분다'였다면 '바람이 불지 않는다'라는 부정명제 not A를 가령 $\bar{A}$라고 표기한다고 하자.

이것도 다양한 기호가 있어서 $\bar{A}$라든가 A'라든가 $\lnot A$, 혹은 ~A라는 기호도 있다. 너무 많아서 혼란스럽겠지만 $\bar{A}$가 가장 초보적인 아이에게 맞을 것이다. A'라든가 $\lnot A$, 혹은 ~A는 성인이나 수학자에게 걸맞은 기호다.

두말할 나위도 없이 명제 A를 두 번 부정하면 원래 값으로 돌아간다.

$$\bar{\bar{A}}=A$$

'비가 안 오지 않는다'는 '비가 온다'는 말이다. 이중부정은 긍정이다.

연언

명제의 종류는 무수히 많다. 그런데 명제들 사이에 또 덧셈, 곱셈, 뺄셈 같은 계산을 도입하여 논리를 계산의 대상으로 삼으려 한다. 대수 계산과 마찬가지로 명제를 계산을 통해 조합하여 추론해나가는 것이다. 이런 생각은 라이프니츠가 처음 고안했다.

이것은 집합산의 계산 규칙과 닮았는데, 아이디어를 처음 낸 사람이 바로 라이프니츠다. and, or, not이라는 세 가지 규칙을 사용하여 두 개의 명제를 and로 묶고, or로 묶었다. 그리고 명제의 부정 명제, 즉 not을 만드는 것이다.

이 세 가지 규칙 중 and, or은 접속사, not은 부사다. 이 세 단어로 명제를 다른 명제와 연관 지어서 매우 복잡한 추론을 해나가자는 것이다. 이 부분에서도 일반적인 단어와 크게 다른 점은, 접속사에 and나 or밖에 없다는 것이다.

일상적인 언어에는 그 밖에도 다양한 접속사가 있다. 가령 but도 그렇다. but이라는 접속사는 기호 논리학에 들어가지 않는다. but은 and와는 다르다. '바람이 불고 비가 왔다'와 '바람이 불었지만 비가 왔다'는 의미가 다르다. 그런 차이는 기호 논리학에서는 구별할 수 없다. 사실상 and라 할지라도 말하려는 의미는 다르다.

가령 '바람이 불고 따뜻했다'라는 말과 '바람이 불었지만 따뜻했다'는 분명히 다르다. 보통은 바람이 불면 추워지는데 실은 그 반대의 결과가 나타났다는 사실을 알려주기 위해 but이 사용되고 있기 때문이다.

일본어로 표현되는 모든 생각을 기호 논리학을 사용해 표현하기란 도저히 불가능하다. 하지만 그 대신 매우 단순화되어 있으므로 그것을 적용할 수 있는 장면에서는 큰 위력을 발휘한다.

앞에서도 말했지만, 문자를 사용하지 않는 산수 단계에서 쓰루카메잔은 어렵다. 하지만 이것을 기호화한 문자를 이용해 방정식으로 써 보면 너무나 간단하게 풀 수 있는 것과 마찬가지다. 기호화에 따라 우리 머릿속 생각이 종이 위에 투영되어 객관화된다. 그리고 그것을 눈으로 봄으로써 푸는 방법까지 쉽게 알 수 있게 된다. 기호 논리학에서 기호의 위력도 이것과 똑같다.

두 개의 명제를 and로 연결한다고 생각해보자. '비가 오고, 또 바람이 분다'는 명제를

$$A \wedge B$$

라고 쓴다. 집합에서는 둥근 ∩이었지만 이번에는 끝이 뾰족한 ∧이다. 그러므로 ∩이 유럽에서 쓰는 cap이라면, 같은 모자라도 이 ∧은 뾰족한 삿갓 같은 것이다. ∧는 and이다.

그리고 or이 ∨다. A or B '비가 오거나 바람이 불거나'는 아래와 같이 표현한다.

$$A \vee B$$

기호 논리학에서 and, or, not의 세 가지 계산 규칙은 집합에서의 ∩, ∪, 여집합과 똑 닮았다. 사람에 따라서는 일부러 구분 짓지 않고 ∧까지 ∩으로 간주할 때도 있다. 하지만 일반적으로 명제는 ∧, ∨을 쓴다.

우선 A and A는 A와 같은 사실을 나타낸다.

$$A \wedge A = A$$

같은 것을 반복하여 같다는 사실을 강조하는 것이다. 강조는 하고 있지만 실제로는 같다.

진리표

여기에서 ∧, ∨, ─ 등에 대해 어떤 결과가 나올지 확인하기 위해 진리표라는 것을 만들어보자. 이것은 진위표라고 불러도 좋다.

명제는 언제든 참인지 거짓인지 두 가지 경우를 생각하므로 이것을 아이들에게 가르치면 아이들의 비판적 사고를 기르는 데 매우 좋다. 어떤 명제라도 있는 그대로 믿어버리지 않고 언제든 참인지 거짓인지 두 경우를 생각해보는 습관을 들인다. 그리고 그런 입장을 어떤 경우든 관철하는 것이다.

A가 참인 경우를 1이라고 했는데 그렇다면 A의 부정인 $\bar{A}$는 거짓이다. A가 거짓이라면 A의 부정인 $\bar{A}$는 참이다. 따라서 1과 0은 서로 바꿔 쓸 수 있다. 이것을 보여주는 것이 not의 진리표다.

not	
A	$\bar{A}$
1	0
0	1

그리고 and는 총 네 가지 경우가 있다. A가 참이고 B가 참이라면 $A \wedge B$는 참이다. 가령 '비가 온다', '바람이 분다'라는 명제가 있다면, '비가 오고 바람이 분다'라는 명제는 양쪽 모두 참일 경우이 명제 또한 참이다. 또 A가 거짓이며 '비가 오지 않았다'이고 B가 '바람이 불었다'라면 $A \wedge B$는 거짓이다. 양쪽 모두가 참이 아니라면 $A \wedge B$는 참이라고 할 수 없으므로, A가 참이고 B가 거짓이라도 $A \wedge B$는 거짓이다. 양쪽 모두 거짓이라면 당연히 $A \wedge B$는

거짓이다. 이렇게 네 개의 경우가 있으며 $A \wedge B$는 아래 표와 같은 값을 취한다.

and의 진리표를 자세히 보면 명제를 대수 계산의 $x \times y$처럼 다루고 있으며 마치 곱셈과 같다. 곱셈에서는 $1 \times 1 = 1$, $0 \times 1 = 0$, $1 \times 0 = 0$, $0 \times 0 = 0$이다. 앞서 내가 이것이 곱셈과 닮았다고 말했는데 바로 이런 의미에서다.

and

A	B	$A \wedge B$
1	1	1
0	1	0
1	0	0
0	0	0

다음으로 or을 살펴보자. 이것은 어느 한쪽만 참이면 된다. 양쪽 모두 참이라면 물론 이 명제는 참이다. A가 거짓이고 B가 참이라도 $A \vee B$는 참이다. or의 진리표는 언뜻 보면 명제를 덧셈하듯 다룬다.

진리표에서는 $0+0=1$, $1+0=1$, $0+1=1$이지만, 다음의 $1+1$은 2가 되지 않고 1이다. 참과 거짓은 2는 되지 않는 것이다.

그러므로 or의 진리표에서는 단순히 $A+B$라는 덧셈만으로는 $A \vee B$라는 결과를 도출할 수 없다는 사실을 알 수 있다. 실은 $A+B-A \times B$를 계산하면 $A \vee B$과 같다.

or

A	B	$A \vee B$
1	1	1
0	1	1
1	0	1
0	0	0

$A=1$, $B=1$을 $A+B-A \times B$에 대입하면 $1+1-1 \times 1=1$이 되어 $A \vee B$의 1과 같다. $A=0$, $B=0$을 대입하면 $0+0-0 \times 0=0$이다. $A=0$, $B=1$에서는 $0+1-0 \times 1=1$이 되므로 진리표의 $A \vee B$는 문제없이 계산할 수 있다.

and는 곱셈과 같지만 or에는 이렇게 수정된 방식이 필요하다.

0과 1의 계산

이렇게 생각하면 참일 때를 1로 하고, 거짓일 때를 0으로 한다는 규칙이 매우 절묘한 기호라는 것, 그리고 일반적인 대수의 계산과 똑 닮았다는 것도 알 수 있다. 하나의 명제의 '진실 함유량'이라고도 할 수 있으리라.

명제가 참일 때는 1이라고 하고, 거짓일 때는 진실이 하나도 포함되어 있지 않으므로 진실함유량은 0이다.

그렇다면 지금까지 공부한 일반 대수가 꽤 유용하다는 얘기다.

그로부터 얻은 지식을 사용하면 마침 앞에서 말한 드모르간의 법칙과 형태가 같은 법칙이 성립한다는 사실을 알 수 있다. 이 또한 드모르간의 법칙이라고 부른다. A and B의 부정은 'A의 부정 혹은 B의 부정'이 된다.

$$\overline{A \wedge B} = \bar{A} \vee \bar{B}$$

이것을 집합으로 본다면 형태로는 교집합이라 할 수 있다.

$$\overline{A \vee B} = \bar{A} \wedge \bar{B}$$

이것 또한 드모르간의 법칙이다. 이것이 실은 논리에서 매우 중요한 사항이다.

입으로 말해보면 $\overline{A \wedge B} = \bar{A} \vee \bar{B}$는 '비가 오고 바람이 분다'라는 명제의 부정이다. 이것은 어느 한쪽이 거짓이었다는 말이 된다. 이 명제는 $\bar{A}$가 되거나 $\bar{B}$가 되거나 둘 중 하나라는 사실을 말하고 있다.

$\overline{A \vee B} = \bar{A} \wedge \bar{B}$도 마찬가지다. '비가 오지도 바람이 불지도 않는다'일 때는 어떤 상황일까? 어느 쪽도 일어나지 않았을 때는 and

를 쓴다. 그것을 기호화한 것이다.

도로망

이것을 조금 쉽게 설명해보자. 그러기 위해서 도로망을 떠올리면 좋다. 도로망은 형태가 다양하지만, 여기에서는 하나의 도로가 있고 도로 한 곳에 반드시 또 하나의 길이 교차하며 이곳에 반드시 신호등이 붙어 있다고 하자. 녹색불일 때가 참인 (1)에 해당하며 녹색불이 켜지면 통과할 수 있다. 빨간불이면 거짓(0)이다.

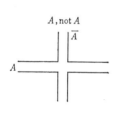

따라서 이 도로는 녹색불 상태와 빨간불 상태가 모두 존재한다. 앞서 말한 이치논리학과 같다. 중간인 주황색 신호는 없고 빨강과 초록, 두 값만을 취하기 때문이다.

다시 말해 A가 녹색불일 때와 빨간불일 때가 있다는 것인데, 이 길에 교차하는 길을 $\bar{A}$라고 하면 $\bar{A}$는 A의 길이 녹색불일 때는 빨간불이다. 그러나 A의 길이 빨간불일 때 $\bar{A}$는 녹색불이다. 이렇듯 $\bar{A}$는 A의 부정이 된다. 즉 A와 $\bar{A}$는 위의 그림처럼 되어 있다고 생각해볼 수 있다. 한쪽이 참이라면 다른 한쪽은 거짓이다. 이렇듯 정반대이므로 실은 신호등과 같은 관계이다.

그렇다면 or, and는 어떻게 생각해야 할까. A or B, 즉 $A \vee B$는 A와 B의 두 가지 길이 나란히 난 경우를 생각해볼 수 있다.

요즘 다음 그림과 같은 길이 자주 있다. 공사할 때 어느 한쪽을 막아두고 이쪽으로 지나가라는 상황을 생각해볼 수 있다. 혹은 철

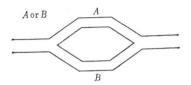

도로 빗대어 말하자면 한쪽이 도카이도혼센東海道本線이라고 하면 한쪽은 주오혼센中央本線이다. 이중 어느 한쪽만 지나갈 수 있다. 속도의 차이는 있을 테지만, 가려고만 하면 어느 한쪽으로 갈 수 있다. 이쪽에 사고가 나서 못 지나가게 되면 저쪽으로 가면 되므로 or이 성립한다. 이것을 병렬이라고 한다.

and는 직렬, 즉 A라는 길과 B라는 길을 세로로 연결한 것이다. 도카이도혼센과 산요혼센山陽本線처럼 연결된 경우다. 즉 도쿄에서 시모노세키下關까지 가는 길은 도카이도혼센과 산요혼센이 직렬로 연결되어 있다. 그러므로 이것은 양쪽 모두 녹색불이 아니면 갈 수 없다. 어디 한 곳이 고장 나면 안 된다. 바로 이것은 명제의 and와 같은 $A \land B$이다. 모두 참이 아니라면 $A \land B$는 참이 아니라는 명제와 같다.

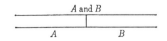

같은 방법으로 드모르간의 법칙을 생각해보자. A, B와 각각 교차하는 길을 $\bar{A}$, $\bar{B}$라고 하자. A와 B, 두 개의 길이 병렬되어 있다면 $A \vee B$로, 직렬은 $A \wedge B$로 나타냈다. 지금 $\bar{A}$과 $\bar{B}$를 직렬로 연결하면 $\bar{A} \wedge \bar{B}$가 된다.

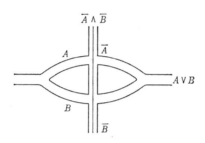

그림에서 병렬의 가로 길과 직렬의 세로 길은 어떤 관계인가? 가로 길을 통과할 수 있으면 세로 길은 통과할 수 없는 상태다. 반대로 가로 길을 통과할 수 없으면 세로 길을 통과할 수 있다. 그러므로 가로 길과 세로 길은 서로 부정 관계에 있다. 그러므로 A or B의 부정이 $\bar{A}$ and $\bar{B}$와 같다 즉

$$\overline{A \vee B} = \bar{A} \wedge \bar{B}$$

이다. 드모르간의 법칙을 도로망으로 나타내면 바로 이렇게 설명할 수 있다.

이러한 길은 철도로 말하면 복선 선로에 건널목이 있는 경우다. 그 건널목이란 어떠한 선로로도 기차가 지나가지 않을 때만 건널 수 있다. 그러므로 드모르간의 법칙과 꼭 들어맞는다. 기차가 한 군데라도 지나간다면 건널목을 건널 수는 없다. 지금까지는 A와 B 두 개만 있었지만 이것은 세 개든 그 이상이든 상관없다.

도로망과 같은 현실 속에 이러한 규칙이 숨어 있다. 드모르간의 법칙은 그것을 기호 논리학을 통해 기호화한 것에 지나지 않는다.

드모르간의 법칙은 매우 중요한 법칙이므로 제대로 이해하고 응용할 수 있어야 한다. 다만 A, B라는 두 가지 명제뿐 아니라 세 개도 좋고 그 이상도 좋다. 레일이 두 개 지나는 경우가 되었든 세 개든, 네 개든 건널목을 건넌다는 사고는 같다. 세 개인 경우에는 $\overline{A \vee B \vee C} = \bar{A} \wedge \bar{B} \wedge \bar{C}$로 나타낸다.

다음으로 건널목을 A, B라고 하고 교차하는 레일을 $\bar{A}$, $\bar{B}$라고 하자. 이 경우 A, B를 직렬로 두었을 때, 즉 A and B라면 건널목은 건널 수 있지만 기차는 통과할 수 없다. A and B의 부정은 차단기가 내려오는 상태를 나타내며, $\overline{A \wedge B}$라고 쓸 수 있다. 이때 기차는 통과할 수 있으므로 $\bar{A}$ or $\bar{B}$라는 것이다. 정리하면

$$\overline{A \wedge B} = \bar{A} \vee \bar{B}$$

가 된다.

레일이 세 개인 경우에는

$$\overline{A \wedge B \wedge C} = \bar{A} \vee \bar{B} \vee \bar{C}$$

드모르간의 법칙은 두 개의 명제에 대한 규칙이지만, 명제가 많아져도 성립한다. 또한 $\overline{A \wedge B \wedge C} = \bar{A} \vee \bar{B} \vee \bar{C}$는, 명제 A, B, C 모두를 부정하는 것은 각각의 명제를 부정한 후 or로 묶으면 결국 같아진다는 사실을 나타낸다.

명제가 많을 때는 등 번호 방식으로 나타낸다.

즉 A_1, A_2, ……, A_n이라면 일반적으로

$$\overline{A_1 \wedge A_2 \wedge \cdots\cdots \wedge A_n} = \bar{A}_1 \vee \bar{A}_2 \vee \cdots \vee \bar{A}_n$$

이 된다.

all과 some

여기에서 집합과 연관 지어 생각해보자. 한 반의 아이들 집합을 앞에서처럼 E로 나타내며 학생 수를 40명이라고 치자. 그리고 아이들에게 1, 2, 3,……이라는 순서로 번호를 붙였다고 하자. 1번째 아이, 2번째 아이처럼 번호를 붙인다. A_1은 '1번째 아이가 등교했다'라는 명제라고 하자. '2번째 아이가 등교했다'는 A_2, 마찬가지로 '40번째 아이가 등교했다'를 A_{40}이라고 하자. 이런 40개의 명제가 있다고 상정한다.

이때 $A_1 \wedge A_2 \wedge \cdots\cdots \wedge A_{40}$은 '1번째 아이가 등교했다. 그리고 2번째 아이가 등교했다. ……그리고 40번째 아이가 등교했다'가 된다. 아이들의 작문에는 '그리고'라는 말이 자주 등장하는데, 이 '그리고' 대신에 '모든'이라는 말을 사용하기로 하자. 그러면 '모든 아이가 등교했다'라는 말이 된다. 이에 대한 부정을 기호로 나타내면

$$\overline{A_1 \wedge A_2 \wedge \cdots\cdots \wedge A_{40}}$$

'모든 아이가 등교한 것은 아니다'가 된다. 다음으로 우변의 $\bar{A_1} \vee \bar{A_2} \vee \cdots\cdots \vee \bar{A_{40}}$은, '1번째 아이가 등교하지 않았거나, 2번째 아이가 등교하지 않았거나, ……40번째 아이가 등교하지 않았거나'이다. 이때는 or이므로, 같은 반에서 '어떤 아이가 등교하지 않았다'는 말이다.

$A_1 \wedge A_2 \wedge \cdots\cdots \wedge A_{40}$은 영어로 말하면 all로 '모든 아이가 등교했다'이다. $\overline{A_1 \wedge A_2 \wedge \cdots\cdots \wedge A_{40}}$은 간단히 나타내면 all이 아니므로 not all, '모든 아이가 등교한 것은 아니다'가 된다. $A_1 \vee A_2 \vee \cdots\cdots \vee A_{40}$은 some인데, '어떤 아이가 등교했다'라는 뜻이다. $\bar{A_1} \vee \bar{A_2}$

$\vee \cdots\cdots \vee \bar{A}_{40}$은 어떨까? '어떤 아이가 등교하지 않았다.' 즉 some not이다. 말로 하자면 '모든 아이가 등교한 것은 아니다'='어떤 아이가 등교하지 않았다'인 셈이다.

요컨대 not all=some not.

전원 출석하지 않았다면 누군가가 결석했다는 말과 같다.

'모든 아이가 등교한 것이 아니다'라는 명제는 어떤 아이든 적어도 한 명이라도 좋으니, 결석한 아이가 있어야만 한다. '등교했다' 대신 '점심을 먹었다'라는 명제라 해도 마찬가지다. A_1이 '1번째 아이가 그날 점심을 먹었다'는 명제가 있다고 치자. 모두가 점심을 먹은 것이 아니라면 어떤 아이는 굶은 것이다.

all과 some, not, 그리고 이들 단어의 조합 관계는 현실의 다양한 문제에 적용되면 매우 헷갈리기 쉽다.

부정의 애매함

이러한 규칙은 지금까지 수학의 다양한 증명에 매우 많이 사용되었지만, 이 규칙을 알지 못해서 증명할 줄 모르는 아이들이 많다. 특히 일본어는 부정 표현이 명확하지 않다. 문장 속에 부정이 나와도 그 부정이 문장의 어떤 부분을 부정하고 있는지 확실치 않은 경우가 많다.

가령 이런 것이 잘 사용되는데 '$2x$와 x^2는 모든 경우에 같지는 않다', 즉 not all이다. 이것을 증명하기 위해서는 그렇지 않은 예를 하나만 들면 된다. $x=1$을 $2x$에 넣어 보면 2×1은 2, x^2에 넣으면 $(1)^2$로 1이 되므로 분명히 같지 않다.

모든 것을 부정하기 위해서는 딱 하나 그렇지 않은 예를 들면 된다. 그러므로 '모든'이라는 명제를 부정하는 것은 매우 편하다. 이러한 논리를 제대로 익혀두지 않으면 증명 방법을 알 수 없게 된다. 어떤 경우라도 적용된다며 으스대는 사람을 물리치는 방법은 단 한 가지. 그렇지 않은 예를 제시하는 것뿐이다. 절대적인 명제라는 매우 강한 명제를 부정하는 일은 생각보다 간단하다.

그러나 많은 경우 중에 적어도 하나는 성립한다는 사실을 부정하는 것은 꽤 어렵다. 모든 경우에 성립하지 않음을 증명해야 하기 때문이다. 중학교, 고등학교 정도까지 이 규칙을 제대로 사용할 수 있다면 논리로는 충분하지 않을까 한다. 그리고 그것은 기호화에 따라 매우 쉽게 이해할 수 있게 된다.

다음은 집합과 논리의 관계다. 지금까지는 명제를 불가분의 단위로 생각했지만, 이제는 이것을 주어와 술어로 나누어 생각한다. 앞에서 $\{x \mid x$는 일본인이다$\}$라는 예를 들었다. 영어로 하면 all persons, who are Japanese이다.

바로 관계대명사를 사용한 정의 방법이다. 처음 x가 all persons이고 다음 x가 who에 해당하며 쉼표가 세로 선에 해당한다. 그러므로 'x는'이 주어이고 '일본인이다'가 술어라고 생각하고 다음과 같이 기호화해보도록 하자.

$$\frac{\overset{x는}{주어} \qquad \overset{일본인이다}{술어}}{\underset{P로 \ 나타낸다}{(\quad)는 \ 일본인이다}} = P(\quad)$$

이 빈방 ( )에 x가 들어갔다고 생각한다.

'……(는) 일본인이다'가 P에 해당한다. 아무리 복잡한 것이라도 P로 나타낸다. 이때 주어는 아직 아무것도 들어 있지 않은 ( )이다. 빈방이므로 ( )의 형태로 남겨 둔다. ( ) 안에 x를 넣으면 $P(x)$가 되며, 이 x에는 일본인이라면 누가 들어가도 좋다.

x에 자기를 넣든 친구를 넣든 이 명제는 참이다. x에 누군가를 넣었을 때 이 명제는 참이나 거짓, 어느 한쪽이 된다. 그렇다면 이 집합의 정의란 이 명제를 참이 되도록 하는 x 전체의 모음이다.

일반화 하면

$$\{x \mid x\text{는 일본인이다}\} = \{x \mid P(x)\}$$

라고 쓰면 된다. P란 '……(는) 일본인이다'라는 것만을 나타낸다. 관계대명사를 사용하는 유럽 사람이라면 금방 이해할 수 있는 표현인데, 영어에는 '이것과 같은'이라는 뜻의 such that이라든가 such as라는 말이 있는데 이것이 바로 그런 표현이다. $\{x \mid P(x)\}$는 '일본인과 같은 것'의 모음으로, 그 전체는 집합이며 $P(x)$는 명제이다.

술어와 집합

술어와 집합의 관계를 보면, 술어란 하나의 조건을 나타낸다. 따라서 그 조건에 꼭 들어맞는 것 전체의 모음으로서 집합이 나온다. 바로 술어에서 집합이 만들어진다고 할 수 있다. E를 어느 반 아이들 전체의 집합이라고 하고, 그때 '( )는 남학생이다'라는 명제가 있다고 하자. $P($ $):($ $)$는 남학생이다. 이것은 남학생 전체의 모음이 된다. 즉 E의 부분집합이다. 여기에서 또 하나 Q라는 다른 술어가 있고 '( )는 여학생이다'라는 명제가 있다고 하자. $Q(\ )$:( )는 여학생이다. 이러한 명제였다면 여학생 전체의 모음이 된다. P라는 술어가 남학생 전체 집합을 만들어낸다. 그리고 Q라는 명제가 또 다른 여학생이라는 집합을 만들어낸다.

이제 E 안에서 생각해 보자.

$\{x \mid \bar{P}(x)\}$란 'x는 남학생이 아니다'라는 술어에 따라 만들어지는 집합인데, 이것은 남학생 전체의 여집합과 같다.

$$\{x \mid \bar{P}(x)\} = \overline{\{x \mid P(x)\}}$$

같은 가로 선이지만 좌변의 선은 명제의 부정을 나타내는 표시다. 우변의 선은 집합 전체에 그어져 있으므로 여집합을 나타내는 선이다. 이것들은 서로 그런 관계에 놓여 있다.

또

$$\{x \mid P(x) \wedge Q(x)\} = \{x \mid P(x)\} \cap \{x \mid Q(x)\}$$

은 어떨까.

P는 '( )는 남학생이다', Q는 '( )는 오늘 결석했다'라는 명제라고 치자. 그러면 $\{x \mid P(x) \wedge Q(x)\}$는, x는 남학생이면서 결석한 사람. 이 조건에 꼭 들어맞는 식은 $\{x \mid P(x)\} \cap \{x \mid Q(x)\}$이다. 남학생이면서 결석한 아이의 교집합과 같다.

이번에는

$$\{x \mid P(x) \vee Q(x)\} = \{x \mid P(x)\} \cup \{x \mid Q(x)\}$$

남학생이거나 혹은 결석한 아이라는 조건에 들어맞는 것은 남학생과 결석자의 합집합과 같다.

우변의 계산은 집합의 계산이다. 좌변은 명제에 대한 계산으로, not과 여집합이 대응하며 and과 교집합이 대응하고 or과 합집합이 대응한다. 이로써 논증과 집합의 규칙이 대응한다는 사실을 잘 알 수 있다.

좌변은 명제의 세계에서 부정이나 and, or를 행한다. 즉 머릿속에서 이루어지는 작용인데 그것을 우변의 집합 쪽으로 옮겨 보면 이편이 훨씬 이해하기 쉽다. 어떤 조건에 꼭 들어맞는 것은 바로 이만큼의 집합이라고 생각하면 편하다. 기호도 편하게 만들어져 있다.

곱집합

집합에는 곱집합이라는 개념이 있다. 예를 하나 들어보면 히라가나 오십음도에서 카か행, 사さ행, 나な행과 같은 행에서 자음을 $A=\{k, s, t, n\}$이라는 집합, 모음을 $B=\{a, i, u, e, o\}$라는 집합이라고 하자. 그리고 k와 a, i, u, e, o, s와 a, i, u, e, o처럼 대응시켜 모든 조합을 만든다. 그러면 아래 표의 수만큼 조합이 나온다. 두 개의 집합의 조합 집합을 만들면 이것이 카 행, 사 행, 타 행, 나 행의 모든 음을 모은 집합이 된다.

카	사	타	나
ka	sa	ta	na
ki	si	ti	ni
ku	su	tu	nu
ke	se	te	ne
ko	so	to	no

이처럼 A와 B 두 집합 각각에서 원소를 하나씩 뽑아 얻은 모든 순서쌍으로 이루어진 집합을 곱집합이라고 한다. $A \times B$로 쓰고, 반드시 곱셈기호를 적는다.

이러한 개념은 실제 생활에서 많이 볼 수 있다. 주소를 나타내는 몇 가, 몇 번지 등이 그렇다. 1가에서 3가까지를 {1, 2, 3}으로 나타내며, 이것은 몇 가의 집합이다. 번지

174

가 100번지까지 있다고 하면 1에서 100번까지 {1, 2, ……, 100}으로 쓴다. 각각의 원소를 연결 지으면 1가 5번지, 2가 1번지처럼 수많은 순서쌍이 생긴다.

국번호와 가입자 개별번호로 이루어진 전화번호도 곱집합이다. 사람의 성과 이름도 마찬가지다. 그때는 같은 것을 여러 번 쓸 수 있다는 것이 전제다. 야마다, 다나카, 나카무라 등 세 명의 성과 다로, 지로, 사부로, 시로, 고로라는 이름이 있다면, 야마다 다로, 야마다 지로라는 순서쌍이 생긴다. 우리가 머릿속에서 그런 순서쌍을 만들어가는 것을 집합 용어로 곱집합이라고 부른다.

곱집합은 가로와 세로로 늘어놓고 사각형으로 그리면 가장 이해하기 쉽다. 그러므로 일본어의 오십음도가 네모난 표로 그려져 있는 것이다. 이런 것을 매트릭스라고도 한다. 두 개의 집합에서 원소를 하나씩 뽑아 짝을 지은 순서쌍의 집합이다. 이른바 쌍의 집합이다. 개수를 구하려면 각 원소의 개수끼리 곱하면 된다.

실은 기하학에서 사용하는 좌표는 곱집합에서 유래했다. 세로와 가로로 평면의 점을 나타내고 있으므로 가로 세로 모두 곱집합의 짝짓기다. 결국 이것은 직선과 직선의 곱집합이다. 좌표란 평면상의 점이 두 개의 직선의 곱집합이라는 사실을 깨달은 것이다.

한자도 변과 방으로 나누어 생각하면 한 편으로 변의 집합이 있고 또 한 편으로 방의 세계가 있다고 할 수 있다. 이 둘을 짝지으면 한자가 완성된다. 이것을 완전한 곱집합이라 할 수는 없지만 이런 사고는 아이들이 알아두면 좋을 것이다. 매트릭스에 대해서는 뒤에 다루는 함수에도 나온다.

확률

수학은 지극히 정확한 학문이다. 부정확하고 애매한 상황에는 수학을 적용할 수 없다. 따라서 오히려 너무 정확하여 불편할 때도 있다. 세상이 수학처럼 돌아가지는 않는다는 말은 바로 그런 뜻이리라. 이런 의견에는 어느 정도 고개를 끄덕일 수밖에 없다.

하지만 수학을 불편한 학문으로만 간주하는 것은 완전히 옳다고도 할 수 없다. 왜냐하면 수학은 부정확한 상황을 대략 파악한 후, 대략적인 결론을 도출하는 이론도 만들어내기 때문이다. 바로 그것이 이제부터 이야기할 확률이라는 사고다.

지금까지 우리는 명제에 참이나 거짓, 둘 중 하나의 값만 취하기로 했다. 하지만 현실 세계에서는 모든 것이 참과 거짓으로 딱 떨어지지는 않는다.

'내일 비가 온다'

라는 명제는 참인지 거짓인지를 결정하기 어렵다. 즉 미래에 대한 예상을 포함한 명제는 현재의 시점에서는 진위 결정이 어렵거나 혹은 불가능하다.

하지만 불가능하다고 해서 문제를 포기한다면 학문은 발전할수 없을 것이다.

따라서 엄밀한 의미의 진위 결정은 불가능하다 하더라도 미래의 명제를 불완전하게라도 예상해보려고 노력한다면 새로운 시야가 열리는 법이다.

'내일 비가 온다.'

라는 명제도 최근 날씨가 변덕스럽거나, 예년 날씨를 예측하면 아무래도 '올 것 같다'라는 예상을 세우는 일은 가능하다. 이때 더욱 정확한 표현으로 70%의 확률로 비가 온다는 예상을 자주 하곤 한다. 이때

'내일 비가 온다'

의 확률은 0.7이라고 한다. 이 0.7이라는 확률은 그 명제, 혹은 명제가 나타내는 상황(사상事象이라고도 한다)의 진릿값, 즉 '진실함유량'이라고 볼 수 있다. 이치논리학에서 진릿값은 1이거나 0인 양극단뿐이었지만, 확률로 사고를 확장하면 1과 0 사이의 값은 얼마든지 나올 수 있다.

가령 주사위를 굴려서

'1이 나온다'

라는 명제가 나타내는 상황의 확률, 혹은 명제의 진실 함유량은 $\frac{1}{6}$이다.

또한 동전을 던졌을 때

'앞면이 나온다'

는 명제가 나타내는 상황의 확률은 $\frac{1}{2}$이라 할 수 있다.

또한 어떤 특이한 사람이 길가에 서서 앞을 지나가는 자동차 번호를 보고 1의 자리가 8일 확률은 얼마나 될지를 알아본다면 그것은 아마도 $\frac{1}{10}$에 가까울 것이다. 이때

'1의 자리가 8이다'

라는 상황의 확률은 $\frac{1}{10}$ 혹은 그것에 가까울 것이다.

이처럼 부정확한 미래에 대한 예상을 포함하는 문제나, 개수가 너무 많아서 정확성을 기대하기 힘든 문제에서는 확률 이론이 위력을 발휘한다.

제4장
공간과 도형

고전적 기하학

우리가 사는 공간도 물론 공간이지만 여기서는 평면도 하나의 공간으로 간주하기로 하자. 평면이란 가로와 세로 두 방향으로 펼쳐져 있는 공간, 즉 2차원 공간이다. 한편 우리가 사는 공간은 가로, 세로, 높이 세 가지 방향으로 펼쳐져 있는 3차원 공간이다.

기하학을 공부하기 위해서는 공간을 도형이 들어 있는 그릇이라고 봐야 한다. 즉 움직이거나 다양한 일을 할 수 있는 도형이 들어 있는 광장이다. 그리고 도형은 그 공간 속에 들어 있는 어떤 형태라고 생각하기로 하자.

이처럼 공간과 도형은 구별해야 한다. 공간도 일종의 도형이긴 하지만 성격이 조금 다르다.

이 공간과 도형을 연구하는 학문을 지금까지 기하학이라고 불렀다. 기하학은 초등학교에서는 수나 양만큼 큰 줄기가 아니라서 본격적으로는 중학교, 고등학교에서 다룬다. 하지만 초등학교에서도 어느 정도의 개념을 제대로 배워둘 필요가 있다. 지금까지는 초등학교에서 공간과 도형에 대해 무엇을 가르칠지를 확실히 규정하지 않았다. 이런 점은 꽤 얼렁뚱땅 넘어간 느낌이 있다.

앞에서도 말했듯이 교육이라는 것은 어떤 면에서는 매우 보수적이므로 낡은 방식이 계속 남아 있는데, 기하학은 특히 그런 경향이 강하다. 이때 낡은 사고방식이라 함은 2000년 전의 유클리드 기하학이다. 이것을 고전적 기하학이라고 부르기로 하자. 기하학은 고전적인 유클리드 기하학의 방식을 거의 바꾸지 않은 채 유지하고 있다. 지금도 그것을 바꾸기란 꽤 어렵다.

유클리드의 기하학은 다음 세 가지 특징을 지닌다.

(1) 측도가 없음

(2) 삼각형 분할

(3) 눈금 없는 자와 컴퍼스를 사용함

대체 무슨 소리일까. 측도란 선분의 길이가 몇 ㎝인지를 나타내는 것이다. 단지 '이 정도의 길이'라는 표현뿐 아니라 수치화하여 2㎝, 3㎝와 같은 부분까지 확실히 나타낸 것이 측도다. 각도도 단순히 '이 정도 각도'가 아니라 20도, 30도처럼 수치화한 것이 각의 측도다. 그런데 유클리드의 기하학에는 이것이 없다.

즉 유클리드의 『원론Elements』에는 눈금자나 각도기 같은 것은 나오지 않는다. 길이는 생각하지만 그것이 눈금자로 잰 길이는 아니다.

이는 과거 기하학을 공부한 경험이 있는 사람이라면 금방 알 수 있다. "삼각형의 두 변의 길이의 합은 제3 변의 길이보다 크다"와 같은 정리를 외우고 있을 테지만, 이때 길이가 몇 ㎝인지는 밝히지 않았다.

그리고 유클리드 기하학에서는 모든 도형을 가장 단순한 삼각형으로 나눈다. 가령 전형적인 것은 다각형의 면적을 낼 때 삼각형으로 분할하여 계산한다. 결과적으로 삼각형이 기본이다.

세 번째로 도형을 그릴 때는 눈금 없는 자와 컴퍼스를 사용하도록 정해져 있다. 다른 도구는 사용하지 않는다. 유클리드의 특징을 들자면 이상 세 가지이다.

이 방법을 그대로 초등학생에게 적용하면 매우 곤란하다. 컴퍼스를 사용하는 것이 초등학생에게는 꽤 어렵기 때문이다. 컴퍼스의 바늘을 중심점에 대고 균등하게 힘을 주어 돌려야 해서 쉽지 않다. 그리고 자를 다루기도 결코 쉽지 않다. 자는 직선을 그리고 컴퍼스로는 원을 그리므로 원과 직선이 기본이다. 나는 중학교에서도 이러한 특징을 지닌 고전적 기하학은 가르칠 필요가 없다고 생각한다. 초등학생이라면 두말할 필요도 없다.

배제하자는 것이 아니다. 다만 적극적으로 측도를 적용하여 자로 몇 ㎝ 몇 ㎜인지를 아이들에게 재라고 하는 것이 좋다. 고대 그리스인의 취미를 무턱대고 따를 필요는 전혀 없다. 그리고 각도는 각도기를 이용하면 될 것이다. 또 삼각형이 도형의 원자라고 생각할 필요는 전혀 없다. 또한 도형을 그리는 도구로서는 눈금 없는 자와 컴퍼스만으로 한정할 필요도 없다.

방안의 기하학

그렇다면 구체적으로 어떻게 해야 할까? 초등학교에서 가장 하기 쉬운 것이 방안지를 사용하는 방법이다. 초등학생이 가지고 있는 산수 노트는 방안지로 되어 있는 경우가 많으니 그것을 이용할수도 있다. 방안노트는 주로 계산연습 등에 쓰이지만, 그것을 그대로 기하학 공부할 때 사용해도 좋을 것이다.

보통 문구점에서 파는 1㎜ 방안지는 너무 작으므로 눈금이 5㎜나 1㎝ 정도의 방안지를 사용하여 그 위에 다양한 도형을 그리는 것부터 시작하면 좋다.

아이들은 이 방법을 통해 좌표도 자연스럽게 익힐 수 있다. 즉 해석기하학을 초등학교에서 시작하는 것이다. 아무것도 없는 새

하얀 종이와 방안지는 이용 가치가 크
게 다르다.

가령 방안지에 오른쪽과 같은 그림을
그려보라고 아이들에게 시키면 이는 훌
륭한 연습문제가 된다.

아이는 이 도형을 자기 노트에 옮겨 그릴 때, 방안지와 그림을
비교하면서 끝은 여기구나, 여기는 딱 1만큼 간 곳에서 끝맺음하
면 되겠구나, 라고 생각한다. 자연스럽게 길이를 계산하는 습관이
붙는다. 그리고 눈금을 세어가며 도형을 옮겨 그릴 수 있다. 이처
럼 방안이 그려져 있으면 답이 정확하게 나온다.

하지만 백지에는 이렇게 간단한 모양이라도 그리기가 쉽지 않
다. 이런 예시 도형을 많이 그려서 아이에게 보여준 후, 각자 가
지고 있는 방안지 위에 같은 그림을 그려보라고 하면 아이들은 기
쁜 마음으로 그릴 것이다. 바로 이것이 2차원의 공간, 즉 평면상
의 위치를 정확히 파악하는 연습이다. 그리고 예시로 제시한 도형
과 같은 길이를 옮겨야 하므로, 길이를 파악하기 위한 좋은 연습
도 된다. 이 정도는 초등학교 1학년도 할 수 있다.

처음에는 사선이 없는 가로 선과 세로 선만으로 이루어진 도형
이 좋다. 이처럼 방안지는 이용 가치가 매우 높다. 방안지 위에서
공간과 도형의 다양한 성질을 가르칠 수가 있기 때문이다.

더욱이 초등학생에게 너무 일찍부터 컴퍼스 등을 사용하게 할
필요는 없다. 그 대신 자와 각도기를 주면 된다. 선을 그을 때는
자를 사용하면 된다.

방안지는 그래프를 그리기 위한 것으로 생각할 테지만 전혀 그

렇지 않다. 도형이나 공간의 다양한 성질을 연구하기 위해서도 큰 도움이 된다. 방안지 위에 깔끔하게 모양을 그릴 수도 있다.

방안지를 다양한 색으로 칠하라고 하면 아이들은 무척 즐겁게 칠한다. 위치도 주의 깊게 정확히 잡는다. 가로가 얼마 세로가 얼마인지 그림으로써 자연스럽게 좌표를 익힌다. 결국 이것은 초등학교 때부터 해석기하학을 하는 셈이 되므로 다음 단계로 발전시키기 편해진다.

이처럼 일찍이 좌표를 이해하는 일은 매우 중요하다. 예전에는 중학교에서도 좌표를 배우지 않고 고등학교에 가서 처음으로 좌표를 배웠다. 하지만 이제는 초등학교부터 좌표에 친숙해지도록 하는 편이 좋을 것이다.

좌표는 지금부터 약 300년 전에 데카르트가 발명했다. 그러나 좀처럼 학교 교육에 도입되지 않았다. 좌표를 쓰지 않는 유클리드의 고전적 기하학이 우세했기 때문이다.

기하학과 논리

우리는 유클리드에 의해 집대성된 고전 기하학을 약 2000년 동안 수학서의 모범으로 간주해왔다. 그리고 그것은 결코 지나친 칭찬이 아니었다. 유클리드의 기하학은 소수의 공리, 공준, 정의 등에서 시작하여 그 개념들의 논리 규칙을 통해 조합한 후 차례로 복잡한 사실을 증명해나가는 구조를 띤다.

유클리드 기하학의 논리 정연한 조합은 실로 훌륭하다. 하지만 그 훌륭함이 오히려 수학 교육에는 큰 악영향을 끼치고 말았다.

184

유클리드 기하학의 세 가지 특징에 대해서는 이미 말했는데, 또 하나의 특징을 말하자면 유클리드 기하학을 논증의 연습장으로 간주해왔다는 점이다. 즉 고전적 기하학을 가르치면서 논증 방법도 깨닫게 하려는 뿌리 깊은 전통이 생겨난 것이다.

수학이라는 학문의 특징 중 하나는 논리성이다. 논리성이 결여되었다면 수학이라 할 수 없다. 따라서 논리를 이용하여 증명하는 것, 즉 논증이란 수학에 없어서는 안 될 조건이다.

그러므로 적어도 중학교를 졸업할 때까지 논증이란 무엇인가, 어떻게 전개할 것인가를 배워둘 필요가 있다.

그렇다면 수학의 어떤 분야에서 논증 연습을 하는 것이 가장 좋을까.

지금까지는 논증 연습에 가장 적합한 것이 유클리드의 고전적 기하학이라고 여겼다. 이것은 오랜 세월 흔들리지 않는 정설로 자리 잡았다. 그리고 이 정설은 아직도 지배적이다.

그 이유는 다음과 같다. 대수나 미분·적분은 철저히 기호화되어 있으므로 일상어를 거의 사용하지 않고도 논증을 전개할 수 있다.

가령

$$(a+b)^2 = a^2 + 2ab + b^2$$

이라는 공식을 증명하는 것은 한 단계 한 단계 자세히 쓰면 다음과 같다.

$$(a+b)^2$$
$$= (a+b)(a+b)$$
$$= (a+b)a + (a+b)b$$
$$= (a^2 + ba) + (ab + b^2)$$

$$=(a^2+ab)+(ab+b^2)$$
$$=a^2+(ab+ab)+b^2$$
$$=a^2+2ab+b^2$$

이것은 훌륭한 증명인데, 전부 기호화되어 있으며 일상어는 하나도 사용되지 않았다. 하지만 고전적 기하학의 증명에는 '따라서'라든가 '왜냐하면'이라든가 '의해 증명되었다'와 같은 일상어가 쓰이는 경우가 많다. 그것을 통해 논증이 제대로 이루어지고 있다는 느낌을 준다.

이 때문에 고전적 기하학, 즉 초등 기하학만이 논증의 연습장이고 기호화된 대수 등은 논증의 연습장으로는 부적절하다는 잘못된 인식이 생겨난 것이다.

이것은 분명히 잘못되었다. 더욱이 초등 기하학은 논증을 연습하기에 가장 부적절한 분야다.

공리의 복잡성

논증의 출발점, 즉 공리는 가능한 한 단순한 것이 바람직하지만 고전적 기하학의 출발점인 공리나 공준은 결코 단순하지 않다.

고전적 기하학의 출발점으로서 공리에 대해 연구한 사람은 힐베르트David Hilbert이며, 그는 '기하학의 기초'를 발표했다. 거기서 거론되는 공리는 무척 많아서 한 권의 책이 되었을 정도다.

그만큼 복잡한 유클리드 고전적 기하학의 공리계를 중학생에게 있는 그대로 가르치는 것은 불가능하다. 중학생은 물론 고등학생이나 대학생에게조차 불가능하다.

그렇게 되면 처음에 제시하는 공리계는 아무래도 불완전한 것이 될 수밖에 없다. 불완전한 공리계에서 출발하여 논증을 전개해 나가려 하면 아무래도 중간에 얼렁뚱땅 넘길 수밖에 없다. 논증의 가장 중요한 조건은 엄밀함인데 대충 넘겨 버리면 의미가 없다.

불완전한 증명

얼렁뚱땅 넘기는 예로서 자주 드는 것 중, 다음과 같은 정리의 증명법이 있다.

"두 개의 직선에 제3의 직선이 교차하는 엇각이 같을 때 이 두 직선은 평행하다."

이 정리의 증명은 보통 다음과 같이 진행된다.

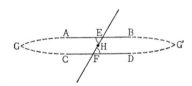

[증명] 두 개의 직선을 AB, CD라고 하고 제3의 직선과 그 교점을 각각 E, F라고 한다. 이때 두 개의 엇각 ∠AEF와 ∠DFE는 같은 것이라고 한다. 즉

$$∠AEF=∠DFE$$

일 때 AB와 CD는 평행하다는 것을 증명한다.

우선 AB와 CD가 평행하지 않으며 하나의 점 G에서 교차한다. 이때 EF의 중점 H를 중심으로 삼각형 EGF를 180°회전해보자. 이때

∠AEF=∠DFE이므로 EG와 FD는 겹쳐진다. 또

$$\begin{cases} \angle BEF = 180° - \angle AEF \\ \angle CFE = 180° - \angle DFE \end{cases}$$

에서 ∠BEF=∠CFE

가 되어 FC와 BE는 겹친다.

따라서 FD와 BE도 한 점에서 교차한다. 그 점을 G′라고 하자.

따라서 AB와 CD는 G와 G′와 교차한다. 즉 AB와 CD는 두 개의 점 G, G′에서 교차하게 된다.

하지만 두 점을 지나는 직선은 하나밖에 없으므로 AB와 CD는 사실 같은 직선이 된다. 따라서 처음 세운 가정에 어긋난다.

이와 같은 모순이 생겨난 것은 AB와 CD가 하나의 점 G에서 교차한다고 가정했기 때문이다. 따라서 AB와 CD는 교차하지 않는다. 즉 AB와 CD는 평행해야만 한다. [증명 끝]

이 증명은 완벽한 듯 보인다. 나도 중학생 시절 기하학을 처음 배울 때 선생님께 이 증명을 배우면서 깊이 감탄했다. 물론 이 증명에 얼렁뚱땅 넘어간 부분이 있다는 사실은 꿈에도 생각지 못했다.

그러나 한참 지나서 비非 유클리드 기하학에 대해 알게 되면서 그것을 눈치챘다.

결함은 바로 '**두 개의 점 G, G′**'이라는 부분에 있다. 그림으로 그리면 분명 G, G′는 직선 EF의 양쪽에 있는 것처럼 보이므로 당연히 다른 두 점인 것으로 생각될 것이다. 하지만 G, G′가 같은 한 점이라면 어떨까. 만약 그렇다면 AB와 CD는 두 개의 다른 직선이 될 수 있으므로 이 증명의 근거는 그 부분에서 무너지고 만다.

그런 바보 같은 일이 있느냐고 말하는 사람이 많겠지만, 실제로 이 G, G′가 한 점이 되는 기하학이 존재한다. 그것은 유클리드 기하학과는 다른 비 유클리드 기하학의 일종인 리만Georg Friedrich Bernhard Riemann의 기하학이다. 리만의 기하학에서는 직선이 평면을 두 부분으로 분할하지 않는다.

나는 리만의 기하학을 알고 처음으로 앞에서 예로 든 증명에 결함이 있다는 사실을 깨달았다. 학교에서 배우는 고전적 기하학에는 이러한 눈가림이 곳곳에 숨어 있다.

이것이 바로 고전적 기하학을 논증의 연습장으로 사용한 데서 생긴 모순이다.

일반과 특수

일반적으로 기하학에서 증명할 방법을 생각할 때, 도형을 그리고 그것을 보면서 생각해 나간다.

가령 '삼각형의 내각의 합이 180도다'라는 명제를 증명할 때는 다음과 같은 삼각형 ABC를 그린다.

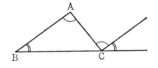

그리고 C에서 변 AB에 평행선을 그린 후 증명으로 넘어가는데, 이것은 어디까지나 형태나 크기가 잘 알려진 일반적인 삼각형에 통용되는 정리다. 하지만 여기에 그려진 도형은 그것과는 다른 특수한 도형이다. 즉 특수한 도형을 그리고 그것을 보면서 일반적인 정리를 증명하는 일이 기하학의 증명인 셈이다.

이 대목에서 갖가지 혼란이 일어난다. 즉 그려진 삼각형의 한 각이 우연히 직각에 가까울 때 그것을 이용하여 증명을 시도하기 쉽다. 일반과 특수를 혼동하기 때문이다.

하지만 대수에서는 일반의 수를 a, b, ……, x, y 등의 문자로 나타내므로 일반 그 자체를 직접적으로 다룰 수 있다. 이런 점을 봐도 특수한 도형을 그려서 증명하는 것은 문제라 할 수 있다.

또, 그림으로 그리면 결과를 미리 알게 되므로 증명할 필요 자체가 없어진다는 난점이 있다. 가령

'이등변삼각형의 밑각의 크기는 같다'

라는 명제가 있다. 실제로 이등변삼각형을 그려 보면 밑각이 자연스럽게 같아진다. 그러니 이미 알게 된 것을 증명할 필요가 있느냐는 의문을 제기하는 학생이 나올 수도 있다.

귀납과 연역

수학은 여러 학문 중에서도 가장 추상적인 학문이라고 불린다. 그것이 잘못된 일은 아니다. 다만 충분한 단서와 설명은 있어야 한다.

추상적이란 말은, 단순히 현실에서 괴리되어 있다는 뜻은 아니다. 다른 모든 학문처럼 수학의 출발점도 현실 세계 안에 있다.

직선은 폭이 없는 곧은 선인데, 그 점만큼은 추상적이지만 선이라는 생각이 생겨난 근원은 팽팽하게 당겨진 실이나 광선과 같은 현실 세계 안에 있다.

이렇듯 현실에 있는 것에서 추상을 통해 직선이라는 사고가 생겨났다. 또 그러한 사물 사이에서 공통의 법칙을 발견하고, 귀납을 거쳐 직선에 대한 다양한 법칙을 예상했으며, 결국 증명한 것이다.

이처럼 일반적인 법칙이 한번 확립되면 그곳에서 특수한 다양한 법칙으로 적용된다. 이것이 연역이다.

수학뿐만 아니라 모든 과학에서 귀납과 연역은 두 다리처럼 어느 하나를 빼놓을 수 없다. 하지만 수학을 가르칠 때는 연역에만 초점이 맞춰져 있기에, 자칫 귀납을 소홀히 하기 쉽다.

특히 기하학을 가르칠 때 그런 현상이 일어나기 쉽다. 기존의 고전적 기하학에서는 다양한 정리와 예제를 주고 학생들에게 그것을 증명하게 하는 증명 문제가 많았다. 하지만 제시한 정리가 어떻게 생겨났는지를 탐구하는 귀납의 단계가 생략되었다. 학생들은 그저 불변의 진리로 주입 당할 뿐이었다.

그런 결함을 없애기 위해서 정리를 증명하기 전에 자나 각도기를 사용하여 실측한 후 그 정리의 진실성을 확인하는 방법이 쓰인 적도 있다. 이는 목표 자체는 올바르지만 실제로는 다양한 문제가 생겨났다. 바로 측정의 오차다.

가령

"삼각형의 내각의 합은 180°이다."

라는 정리를 증명하기에 앞서 종이에 그려진 삼각형의 내각을 각도기로 잰 후 답이 180°라는 사실을 확인하면 된다. 그러나 이것이 실제로는 좀처럼 쉽지 않다. 왜냐하면 측도에는 오차가 생기기 마련이다. 더한 답이 179°가 되거나 181°가 되기도 한다. 그러면 역효과만 날 뿐이다.

그러므로 귀납의 단계를 더듬어가는 일도 현실에서는 어렵다고 할 수 있다.

지금까지의 내용을 종합해서 생각해보면 기하학은 논증의 연습장으로서는 적절하지 않다는 것을 알 수 있다.

즉 기존의 기하학은 두 번째 목표가 있었다.

(1) 도형과 공간의 성질과 법칙을 탐구한다.

(2) 논증 연습을 한다.

이것은 결국 두 마리 토끼를 쫓다가 한 마리도 못 잡는 결과를 초래할 뿐이다.

따라서 지금부터 기하학 교육은 (1)만을 목표로 하고, (2)는 목표에서 제외해야 한다. 그리고 (2)논증의 연습이라는 임무는 다른 분야에서 분담해야 한다. 다른 분야란 바로 초등 정수론이라고 나는 생각한다.

또한 (1)을 유일한 목표로 정했다면 기하학의 내용과 방법은 뚜렷한 변화를 받아들여야 한다.

꺾은선 기하학

유클리드 기하학의 두 번째 특징은 모든 도형을 삼각형으로 분할한 후, 삼각형이 지닌 성질에서 더욱 복잡한 도형의 성질을 도출해내는 방법이다. 그 출발점이 되는 것은 삼각형의 합동에 대한 정리다.

삼각형의 합동에 대한 정리란 무엇일까? 바로 삼각형의 세 각과

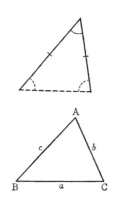

세 변 중 세 개의 양을 안 후, 삼각형 전체를 알기 위한 정리다.

가령 두 변 내각의 합동에 대한 정리란, 두 변과 한 내각이라는 세 가지 양을 안 후, 그 삼각형 전체를 알기 위한 정리다. 즉 아직 알려지지 않은 남은 한 변과 두 각을 구하려는 것이다.

그런데 이 세 가지 변과 세 가지 각이라는 여섯 개의 양은 자유롭게 선택할 수 있는 독립적인 양이 아니라 복합적인 상호관계에 의해 맺어져 있다. 이들의 복잡한 관계는 이른바 사인법칙과 코사인법칙인데 그것은 삼각함수 같은 고급 함수라서 처음 접하는 학생은 어려움을 느낄 것이다.

$$a= \sqrt{b^2+c^2-2bc\cos A}$$

......

$$\frac{a}{\sin A} = \frac{b}{\sin B} = \frac{c}{\sin C}$$

학생들이 이 부분을 왜 어려워할까? 바로 삼각형이라는 '닫힌 도형'을 생각하기 때문이다.

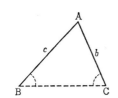

닫힌 삼각형 대신 삼각형의 한 변을 떼어내고 BAC라는 열린 꺾은선을 상상해보자. 이렇게 하면 전혀 어렵지 않다. 이때 꺾은선을 정하는 양은 제2변 b, c와 한 각 A이기 때문이다. 미지의 제3변 a와 남은 각 B, C는 아직 표면에 나타나 있지 않다. 그것들은 B, C를 선분으로 이어야만 비로소 표면으로 떠오른다.

닫힌 삼각형으로 두 내각의 정리를 그림으로 설명하면 학생들은 미지의 a, B, C가 이미 그려져 있으므로 미지라는 사실을 잊어버린다. 그리고 이미 알고 있는 b, c나 A와 혼동하는 경우가 많다.

그런 점에서도 닫힌 삼각형보다는 열린 꺾은선이 교육적으로 더 훌륭하다.

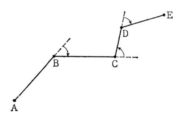

꺾은선의 변은 딱히 두 개가 아니어도 좋다.

꺾은선은 현실 세계에도 매우 흔하다. 꺾은선은 우리가 걸어 다니는 길이라고 생각해도 좋다.

A에서 B로 직선으로 걷고

B의 각도만큼 방향을 전환하여

B에서 C로 직선으로 걷고

C의 각도만큼 방향을 전환하여

C에서 D로 직선으로 걷고

⋯⋯⋯⋯⋯⋯

이런 형태로 꺾은선이 정해진다. 즉 꺾은선은 직진과 회전이 교대로 진행되는 하나의 길이다.

그러므로 직진한 길이와 회전 각도를 알면 그 꺾은선은 완전히 정해진다.

가령

2cm―――오른쪽으로 30°―――3cm―――왼쪽으로 40°―――5cm

라는 변과 각을 잇달아 지정하면 이 꺾은선을 그릴 수 있다. 자와 각도기를 사용하면 쉽게 그릴 수 있다.

반대로 하나의 꺾은선이 있다면

변―각―변―각―변…… 이라는 길이와 각도의 사슬이 생긴다.

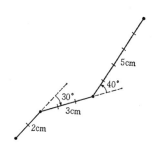

심지어 변과 각은 하나하나를 자유롭게 정할 수 있다.

이때 그림을 그리는 도구는 자와 컴퍼스가 아니라 자와 각도기다.

이처럼 삼각형 대신 꺾은선을 출발점으로 하면 훨씬 쉽다는 사실을 실감할 것이다.

투영도

가로와 세로 두 방향으로 퍼져 있는 2차원 평면은 비교적 떠올리기 쉽다. 종이 위에 그림을 그릴 수도 있으니 그렇게 연습하는 것도 좋다. 하지만 가로, 세로, 높이의 세 방향으로 펼쳐지는 3차원의 공간을 머릿속에 떠올리는 일은 훨씬 어렵다.

하지만 이 3차원 공간은 우리가 안에서 활동하는 생활공간이므로, 모든 성질을 잘 익혀두어야 한다. 다만 가장 먼저 일어나는 어려움은, 3차원을 종이 위에 그릴 수 없다는 점이다.

하지만 3차원 공간을 종이 위에 그리는 방법이 있는데, 바로 투영도다. 투영도는 18세기 말에 프랑스 수학자 가스파르 몽주 Gaspard Monge(1746~1818년)가 발명했다.

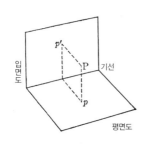

투영도는 3차원의 공간 안에 수 평인 평면(평면도)과 수직인 평면(입면 도)을 설정하는 것에서 시작된다.

공간의 한 점 P에서 각각 평면도 와 입면도에 수선垂線 Pp, Pp'를 그 리고 그 수선의 다리를 p, p'라고 하자.

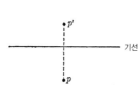

그리고 이 평면도와 입면도 중 하나를 평면이 될 때까지 90°회전 해서 아래의 그림처럼 만든다. 이 때 두 평면의 교선을 기선基線이라 고 한다.

따라서 p와 p'를 이으면 기선과는 수선을 이룬다.

이렇게 3차원 공간에서 임의의 점 P는 기선과 수직인 선분의 양 끝인 p, p'에 의해 나타난다.

이 방법으로 공간 안의 직선이나 평면, 곡선이나 곡면을 하나의 평면 위에 나타낼 수 있다.

이때 공간의 점 P를 p, p'로 나타내는 것은 하나의 분석이고, p, p'에서 P를 아는 것은 종합에 해당한다. 이것은 '분석과 종합'의

좋은 예다. 투영도를 만들고 읽는 과정에서 공간의 위치나 형태를 머릿속에 떠올리는 연습이 된다.

그런 의미에서 투영도는 3차원 공간을 가르칠 때 매우 적절한 방법임에도, 현재는 걸맞은 대접을 받지 못하고 있다.

왜냐하면 투영도가 전통적으로는 수학 교육의 틀 안에 들어 있지 않고 기술과에 속해 있기 때문이다. 따라서 투영도의 교육 방법 자체가 충분히 계통적이지 못했다. 심지어 그림을 깔끔하게 그리는 것만 중요하게 생각했다. 투영도는 수학과와 기술과의 골짜기에 놓여 있었으므로 충분히 연구되지 않았다.

그러나 이제 이런 상황을 뛰어넘어, 적극적으로 수학과에 투영도를 반영해야 한다.

구면기하학

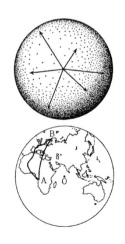

인류의 거처는 지구이며 우리는 그 위에서 생활하고 있다. 그리고 지구의 형태는 거의 구에 가깝다. 따라서 구, 특히 지면의 기하학적 성질에 대해 배워둘 필요가 있다.

구면이란, 공간의 정점 O에서 등거리에 있는 점의 모음이다. 이 구면의 기하학에서 가장 중요한 것은 두 점을 지나는 최단 선을 도출해내는 것이다.

그것은 결론적으로 말하면 지구 상의

두 점 A, B와 지구의 중심 O의 세 점을 지나는 평면으로 구면을
자르면 단면의 원이 된다. 이 원을 대원大圓이라고 한다. 이 지구
상에서는 최대의 원이기 때문이다.

지구 상의 두 점 A, B 사이를 비행기가 날 때, 바로 이 최단 선
이 대원의 호를 따라 날아간다. 이것은 다
음과 같이 증명한다.

구면 상에서 A점에서 B점으로 갈 때,
곡선 ACB를 따라간다고 하자.

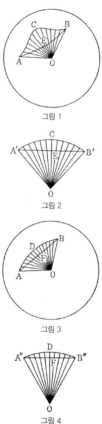

곡선 ACB 위의 각 점과 구의 중심 O
를 직선으로 연결하면 부채를 반쯤 편 모
양(그림 1)이 나온다. 그림 1에서 언뜻 보기
에는 OA보다 OC가 길어 보이지만, 곡선
ACB는 구면 위에 있고 O는 구의 중심이
므로 OA, OC, OB 등은 모두 구의 반경이
기 때문에 길이가 같다.

그림 1

그것을 평면상에 펼치면 그림 2와 같은
부채꼴 모양이 된다. 이때 부채꼴 모양의
A′점은 그림1의 A점에, B′점은 B점에 각
각 대응한다. A′, B′를 연결하는 직선을
A′EB′라고 하자. 이 직선 A′EB′를 그림 1
의 원래 위치로 되돌려 본다. A′점을 A로
적용하고 B′점을 B에 적용했을 때 직선 A′
EB′는 구면 상의 2점 A, B를 양 끝으로
하는 곡선 AEB가 된다(단, 이 곡선은 구면과는

그림 2

그림 3

그림 4

관계가 없고, 직선이 아니며 휘어져 있는 선이다. 곧은 철사를 양손으로 들고 양손의 거리를 점점 좁히면 철사가 구부러진다. 바로 그때의 선과 같은 것이다).

한편, 그림 3에서 ADB를 대원의 호라고 하면, 호 ADB 상의 각 점과 O를 직선으로 연결하면 이번에는 그대로 그림 4처럼 부채꼴이 생겨난다.

하지만 3차원 공간에서도 두 점 사이의 최단 선은 직선이므로 A점과 B점을 잇는 직선 AFB가 같은 두 점 사이의 곡선 AEB보다 짧다는 것이다.

하지만 삼각형 A′OB′와 삼각형 A″OB″를 비교하면 두 개의 변은 같고, 대변은 A″B″이 A′B′보다 짧으므로 ∠A″OB″는 ∠A′OB′보다 작다. 따라서 호의 길이는 A″DB″가 A′CB′보다 짧다는 것을 알 수 있다.

평면상에서 두 점 사이의 최단 선이 직선임을 염두에 두면, 최단 선인 대원의 호가 구면 상의 직선에 해당한다고 볼 수 있다.

이런 식으로 생각하면 직선 대신 대원의 호를 이용하여 구면기하학을 완성시킬 수 있다.

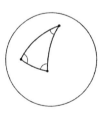

그러므로 대원의 호 세 개로 둘러싸인 도형을 지구 상의 삼각형, 즉 '구면삼각형'이라고 부르도록 하자. 이 구면삼각형의 내각의 합은 얼마일까? 물론 각 꼭짓점과 대원의 호의 접선이 이루는 각이 대원의 호의 내각이다.

구면과잉

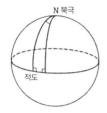

구면삼각형의 내각의 합은 평면기하학과 마찬가지로 180°가 될까? 두, 세 가지의 특수한 경우만 확인해보더라도 180°보다 클 것이다. 가령 적도를 밑변으로 하여 북극을 꼭짓점으로 하는 그림 같은 삼각형에서는 직각이 두 개인데, 여기에 북극의 내각이 더해지므로 그 각만큼 180°보다 커진다.

이러한 예를 보면 삼각형이 크면 클수록 내각의 합이 커질 것으로 예상할 수 있다.

따라서 다음과 같은 정리가 성립한다.

"구면삼각형의 내각의 합에서 180°를 초과하는 정도는 그 삼각형의 면적에 비례한다."

이 정리는 다음과 같이 증명된다.

우선 그림 1처럼 두 개의 큰 원에 둘러싸인 빗금 친 부분의 반원형의 면적을 구해보자. 그 각을 α라고 하자. 가령 α를 90°라고 할 때, 비유하자면 사과를 네 조각으로 쪼갠 후 그중 한 조각의 빨간 껍질 부분을 구하는 것과 같다. α를 60°라고 하면 이는 사과를 여섯 조각내는 것과 같다. 일반적으로는 구의 전체 표면적을 A

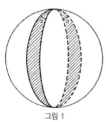

그림 1

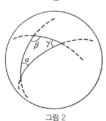

그림 2

라고 하면 구하는 면적은 각 α°일 때 A의 $\frac{a}{360}$에 해당한다. 식에서는 $\frac{a}{360} \cdot A$로 쓴다. 이것과 반대편, 즉 그림 1로 말하면, 점선의 반원형까지 합치면

$$\frac{2\alpha}{360} \cdot A = \frac{\alpha}{180} \cdot A$$

이 된다. 그림2의 구면삼각형에서 세 개의 각을 α, β, γ라고 할 때, 각α에 대해서는 $\frac{\alpha}{180}A$, 각β는 $\frac{\beta}{180}A$, 각γ는 $\frac{\gamma}{180}A$가 되고 이 모두를 더하면 아래 식이 된다.

$$\frac{\alpha}{180} \cdot A + \frac{\beta}{180} \cdot A + \frac{\gamma}{180} \cdot A = \frac{\alpha+\beta+\gamma}{180} \cdot A$$

이때 삼각형의 면적을 Δ라고 하면, Δ를 세 번 중복하여 계산했으므로 2Δ만큼 추가로 계산에 들어가 있다. 반대편에도 역시 같은 삼각형이 만들어지는 것을 생각하면 결국 4Δ만큼이 여분으로 들어 있다는 사실이다. 따라서 아래와 같은 식이 된다.

$$\frac{(\alpha+\beta+\gamma)}{180}A = A + 4\Delta$$

양변에서 A를 빼면,

$$\frac{(\alpha+\beta+\gamma-180)}{180}A = 4\Delta$$

즉 Δ은 α+β+γ−180에 비례한다는 것을 알 수 있다.

위도 · 경도

구면기하학에서 꼭 알아두어야 할 것은 위도와 경도다. 구면 상의 점을 위도와 경도라는 두 가지 수의 조합, 즉 넓은 의미의 좌표에 따라 나타낸다는 사실이다.

구는 반원을 한 번 회전하면 만들어진다.

가령 다음 그림의 NPS가 그 반원이라고 하자. N은 북극, S는

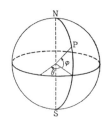

남극이라고 치자. 이것을 NS를 축으로 하여 1회전하면 구가 생긴다.

출발점 위치에서 서쪽으로 θ의 각도만큼 회전했을 때 바로 그 θ가 경도에 해당한다. 또 반원으로 적도에서 φ라는 각도만큼 회전한 점을 P라고 하면 반원이 1회전하면 P는 원을 그린다. 이것이 위도가 일정한 원이다.

이렇게 하여 구가 경도가 일정한 원과 위도의 원의 그물로 덮여 있다. 그러므로 구면 상의, 특히 지구 상의 점을 표현하는 방법은 두 가지다.

(1) 반원이 출발점의 위치(지면에서는 영국의 그리니치천문대를 지난다)부터 동쪽으로 몇 도 혹은 서쪽으로 몇 도 회전했는지 즉 동경 몇 도, 서경 몇 도인가.

(2) 반원으로 적도에서 북쪽으로 몇 도, 남쪽으로 몇 도 돌렸는가, 즉 북위 몇 도, 남위 몇 도라는 두 가지 각도의 조합으로 표현한다.

초등 정수론

앞에서 고전적 기하학이 논증을 연습하기에는 적합하지 않다고 말했다. 그렇다면 그것을 무엇이 대신할 수 있을까. 나는 이해하기 쉬운 초등 정수론이 적합하다고 생각한다. 정수론이라는 말을 들으면 어려운 것 같지만 전혀 그렇지 않다.

초등학교 4학년 정도만 되어도 정수의 가감승제는 모두 할 수 있게 되므로, 초등 정수론을 시작할 준비는 되었다고 할 수 있을 것이다.

지금 학교에서는 정수의 계산 기술을 가르치지만, 아이들이 정수 안에 있는 다양한 법칙성에 눈을 뜨게 하지는 못하고 있다.

가령 자릿수가 많은 수가 9로 나누어떨어지는가를 구분하는 방법 중에 '구거법九去法'이라는 것이 있다. 즉 숫자를 그대로 더한 수가 9로 나누어떨어지는가를 보면 된다. 23481은 자릿수의 숫자를 더하면 2+3+4+8+1=18이 되고, 18이 9로 나누어떨어지므로 23481은 9로 나누어떨어질 거라고 예상하는 것이다. 바로 이것을 구거법이라 하는데 이것이야말로 정수론의 시작이라고 할 수 있다.

또한 구구단의 표를 보면 가령 7단은

$7 \times 1=7$ $7 \times 2=14$ $7 \times 3=21$ $7 \times 4=28$ $7 \times 5=35$ $7 \times 6=42$

$7 \times 7=49$ $7 \times 8=56$ $7 \times 9=63$

인데 1의 자리만 보면 1에서 9까지의 숫자가 한 번씩 나타난다. 왜일까. 또, 다른 단에서 그렇게 되는 단은 어떤 단일까. 이것을 문제로 내는 것도 정수론의 시작이 된다.

이러한 정수 안에는 신기한 법칙이 많이 숨겨져 있는데 그것이 매우 흥미롭다.

아이들이 이러한 재미에 눈을 뜨게 만드는 것이 중요하다.

가령 두 정수의 최대공약수를 구하려면 어떻게 해야 할까. 이는 훌륭한 정수론의 시작이다. 이 또한 수업을 하면 아이들이 매우 즐거워한다. 이것을 '호제법互除法'이라 하는데 지금까지 초등학교에서 가르치지 않았다. 상대방(호, 互)의 수를 나누기(제, 除) 때문에 호제법이라고 한다. 두 개의 정수의 최대공약수를 구할 때는 바로 호제법을 사용하면 된다.

가령 24와 56의 최대공약수를 어떻게 구하는가. 지금까지는 24를 2, 2, 2, 3. 56은 2, 2, 2, 7로 이른바 소인수로 나누어서 양쪽에 공통적인 수를 골라서 구했다. 혹은 $\dfrac{8\,|\,24\quad56}{3\quad\ 7}$ 이런 식으로 해서 공통의 숫자로 나누어 간다. 8이 한 번에 나오지 않았다면 2로 계속 나눈다. 이런 방법인데, 호제법은 그것과는 다르다.

호제법은 작은 수로 큰 수를 나눈다. 그리고 그 나머지로 작은 쪽을 또 나눈다. 그 나머지로 작은 쪽을 또 나눈다. 그 나머지로 이전 나머지를 나눈다. 서로 나누어 가다가 나누어떨어질 때의 수가 바로 최대공약수다.

가령 60과 84의 최대공약수를 구할 때는 다음과 같이 한다.

세로 60, 가로 84의 타일을 사용한다.

(1)의 계산은 그림으로 말하면 한 변이 60인 정사각형을 오려낸 부분.

(2)의 계산은 한 변이 24인 정사각형을 두 개 나눈 부분.

(3)은 한 변이 12인 정사각형이 두 개 나오고 나머지가 없는 부분.

$$
\begin{array}{ccc}
(1) & (2) & (3) \\[4pt]
\begin{array}{r}1\ \ \\[-2pt]\overline{60)\,84}\\[-2pt]60\ \\[-2pt]\overline{24}\end{array}
&
\begin{array}{r}1\ \ \\[-2pt]\overline{24)\,60}\\[-2pt]48\ \\[-2pt]\overline{12}\end{array}
&
\begin{array}{r}2\ \ \\[-2pt]\overline{12)\,24}\\[-2pt]24\ \\[-2pt]\overline{0}\end{array}
\end{array}
$$

12가 60과 84의 최대공약수가 된다. 이 방법을 호제법이라고 한다.

이 방법을 아이들이 스스로 발견하기 위해서는 어떻게 해야 할

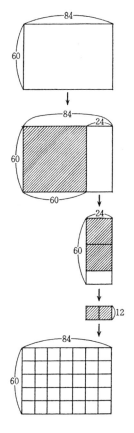

까. 교사가 일방적으로 방법을 가르쳐주는 것은 진정한 교육이 아니다. 아이들이 방법을 스스로 발견할 수 있도록 가르쳐야 바람직한 교육이다.

최대공약수는 양쪽이 동시에 나누어떨어지는 숫자 중 가장 큰 수이므로, 최대공약수의 한 변을 가진 정사각형을 만들면 이 직사각형에 남김없이 끼워 넣을 수가 있을 것이다.

그림처럼 긴 타일이 있고 이것에 정사각형의 타일을 끼워 넣어 보자. 다양한 크기의 정사각형 중에서 가장 큰 정사각형을 발견하는 문제와 같다. 이것을 찾으면 그 정사각형의 한 변이 최대공약수가 된다.

처음에는 $a \times a$의 정사각형으로 해보고 그것으로 나머지 없이 꼭 들어맞는다면 그 a가 최대공약수가 된다. 혹시 $a \times a$로 해서 제대로 안 된다면 $\dfrac{a}{2} \times \dfrac{a}{2}$의 정사각형으로 시도해본다. 이걸로도 되지 않으면 $\dfrac{a}{3} \times \dfrac{a}{3}$, $\dfrac{a}{4} \times \dfrac{a}{4}$와 같이 점점 큰 것부터 작은 것으로 옮겨간다. 반복하다가 어느 순간 남은 부분에 꼭 들어맞는다면 그걸로 목적을 달성한 것이다.

아이들에게 종이 위에 직사각형을 그린 후 그것을 빈틈없이 깔아보는 문제를 내도록 하자. 3분의 1, 4분의 1, 하며 세로로 나누었을 때 세로 선이 반드시 일치하는 선이 있을 것이다. 그곳이 어딘가 하면 a와 같은 길이를 b에서 뺀 경우다. 즉 $a \times a$로 잘라낸 정사각형의 선은 어떻게 나누든 반드시 그 나누는 선이 겹칠 것이다.

따라서 어떻게 나누더라도 b에서 a를 뺀 $b-a$의 선에서 시작해

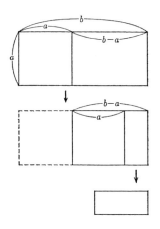

도 된다는 것을 알 수 있다. 직사각형에서 $a \times a$의 정사각형을 잘라내고 나머지만으로 문제를 풀어도 된다는 말이다. 큰 직사각형에서 정사각형을 잘라내고 작게 만들었으므로 문제는 그만큼 쉬워진다.

$a \times a$의 정사각형을 잘라보고 그래도 나머지가 아직 a보다 길면 또 $a \times a$를 잘라본다. 즉 $a \times a$의 정사각형을 잘라낼 수 있는 만큼 잘라낸다. 단 계속 자르다가 b의 나머지의 길이가 a보다 짧아지면 자를 수 없다. 거기에서 멈춘다. 즉 a보다 나머지가 짧아졌을 때 멈추는 것이다.

계산에서는 b를 a로 나누면 나머지가 나온다. 나눗셈의 나머지는 나누는 수보다 적어지므로 다음에는 나머지를 바닥에 깔아보도록 하자. 이번에는 b의 나머지가 짧아지고 a가 길어진다. b의 나머지의 길이는 큰 쪽을 작은 쪽으로 나눈 나머지다. 결국 완전히 같은 문제다. 이것이 또 직사각형이므로 이 직사각형을 처음과 같은 방향으로 맞춘 후 다시 정사각형을 잘라낸다. 그 후 나머지도 똑같은 방법으로 잘라내면 된다. 어딘가에서 나누어떨어지면 그때 나누는 수가 결국 답이다.

이것은 수업에서 한 시간 정도 하면 아이들 스스로 의논하며 답을 낼 수 있다. 호제법은 최대공약수를 구하는 방법 중 가장 본격적인 방법이다. 최대공약수도 꽤 큰 수가 되면 예상하기 힘들어지지만, 호제법을 이용하면 반드시 답이 나온다. 나누는 수를 나눈 나머지이므로 나머지는 점차 작아져서 언젠가는 나머지가 0이 될 것이다. 바로 이때 나온 수가 답이다.

이 수업을 한 후에 학생들에게 감상을 적게 했더니 "추리소설처럼 재미있었다"고 쓴 학생이 있었다고 한다.

알고리즘

이러한 계산 방법을 알고리즘algorithm이라고 한다. 특히 최대공약수를 구하기 위한 호제법, 상대방을 나누어가는 알고리즘을 '유클리드의 알고리즘'이라고 한다.

알고리즘은 더 넓은 의미를 지니는데 원래는 일정한 계산 방법을 알고리즘이라고 부른다. 가령 이런 문제에는 이 계산을 적용하면 문제를 풀 수 있다는 일정한 방법을 알고리즘이라 한다. 이렇게 하고, 이렇게 한 후 그다음에는 이렇게 한다는 것이 정해져 있는 것이 알고리즘이다.

대표적인 알고리즘이 바로 나눗셈이다. 몫을 세우고, 곱하고, 빼고, 받아내리는 과정이 정해져 있기 때문이다. 이것은 바둑이나 장기의 정석에 해당한다고 할 수 있다. 이런 국면이 나오면 이런 수를 쓰면 이긴다, 이런 문제에 대해서는 이런 계산 규칙을 적용하면 풀린다는 식의 정석인 셈이다.

최대공약수 문제를 내면 나눗셈을 많이 하게 되므로 나눗셈 문제를 여러 개 푼 셈이다. 기존의 계산 연습은 그저 계산하라고 시킬 뿐이지만 이것에는 제대로 된 목적이 있다. 바로 최대공약수를 구하는 것이다. 최대공약수를 구하기 위해서 나눗셈을 사용하는데, 초등학교 5학년 정도면 충분히 풀 수 있다. 초등정수론을 이런 문제부터 시작하면 중학교, 고등학교로 올라가면서 점점 어려워지는 문제도 자연스럽게 해결할 수 있게 되니 무척 도움이 되는 방법이다.

제5장
변수와 함수

문자의 의미

일본에서는 초등학교에서 1, 2, 3……등의 정수, $\frac{1}{2}$, $\frac{1}{3}$, $\frac{2}{3}$, ……등의 분수, 2.6, 3.5, 0.3,……등의 소수까지 가르치고 중학교에 들어가야만 비로소 a, b, c, ……나 x, y, z, ……등의 문자를 다루는 대수를 가르치는 방식이 오랜 전통이었다.

하지만 최근에는 이 전통이 무너져서 초등학교 때 문자를 다루는 방식을 가능한 한 많이 연습시켜야 한다는 분위기가 조성되었다. 옳은 생각이다.

그리고 보면 지금까지 문자는 복면을 쓴 상태로 이미 초등학교에서 사용되었다.

가령 초등학교 때도

$$23+\Box=42$$

와 같은 문제가 얼마든지 나온다. 이것은

$$25+x=42$$

라는 방정식과 같다. x라는 문자 대신 $\Box$를 쓴 차이가 있을 뿐이다. 따라서 문자는 $\Box$라는 형태로 초등학교 저학년 때부터 등장한다고 볼 수 있다.

그러므로 어중간한 $\Box$를 쓸 바에는 가능한 한 일찍부터 x, y, ……라는 문자를 사용하는 게 좋다는 의견이 나오는 것도 당연하다.

그렇다면 문자가 어떤 의미를 지니는지 자세히 살펴보도록 하자.

첫째, 문자는 일반적인 상수라 할 수 있다. 가령 가로 a㎝, 세로 b㎝인 장방형의 면적 S㎠는 다음과 같이 표현된다.

$$S=ab$$

이때 a, b, S는 어떤 값이든 취할 수 있지만, 한번 정하면 변하지 않는 수, 즉 상수常數다. 하지만 1, 2, 3,……과 같은 특수한 수가 아니라 어떤 값이라도 취할 수 있다는 의미에서는 '일반적인' 수다. 그러므로 이런 공식 안에 나오는 글자는 일반 상수라고 불러도 될 것이다.

위의 공식에서 $a=3$, $b=4$일 때 이 정사각형의 면적은 몇 ㎠인가라는 문제가 있다고 치자.

$$\begin{matrix} a & b = S \\ \downarrow & \downarrow \\ 3 \cdot & 4 = 12 \end{matrix}$$

a, b에 3, 4를 '대입'하면 된다. 여기에서 대입이란 일반 상수를 특수한 상수로 바꾸는 과정을 뜻한다. 다시 말해 일반 상수를 특수화하는 것이다.

혹은 또 다음과 같은 식이 있다.

$$(a+b)^2=a^2+2ab+b^2$$

은 어떤 a, b에 대해서도 늘 성립하는 등식, 즉 항등식인데 여기에서 문자 a, b는 역시 일반 상수다.

문자의 두 번째 의미는 '미지의 상수'다.

$$25+x=42$$

이라는 방정식 속 문자는 정해진 수, 즉 상수지만, 상수 중에서도 아직 알지 못하는 상수, 즉 '미지의 상수'다. 방정식을 푼다는 말이 곧 미지의 상수를 찾아낸다는 말이다. 다시 말해 미지의 상수란 '방정식 속 문자는 무엇인가?'라는 의문부호가 달린 상수인데, 미지의 상수를 밝히는 것이 방정식을 푸는 일이다.

위의 예시처럼 문자 두 개의 의미를 알려면 다음과 같이 '숫자 맞추기 게임'을 해보면 된다.

우선 x 대신 빈 상자, 이를테면 빈 캐러멜 상자 따위를 준비한다.

그리고 출제자와 정답자를 정한다. 우선 출제자는 메모지에 25 라고 쓰고, 그것과 빈 상자를 나란히 놓아둔 후, 그 사이에 +를 쓴다.

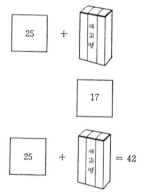

그다음 출제자는 정답자가 알지 못하도록 17이라고 쓴 쪽지 17을 빈 상자에 넣고 정답자에게 숨긴 후, 25+17=42를 계산하여 그 답인 =42를 써서 정답자에게 보여준다.

그리고 이번에는 순서를 바꿔 정답자가 빈 상자 안에 어떤 숫자가 들어 있는지를 맞추기로 한다.

이 '숫자 맞추기 게임'에서 빈 상자는 출제자에게 일반 상수다. 왜냐하면 자기가 좋아하는 숫자를 빈 상자 안에 넣을 수 있기 때문이다. 하지만 한번 넣은 숫자는 바뀌지 않는다. 즉 상수다.

한편 정답자는 어떤 숫자가 상자 안에 들어 있는지 모르기 때문에, 이 수는 정답자에게는 미지의 수라 할 수 있다. 하지만 변하지 않는 수라는 사실은 분명하므로 상수다. 즉 그야말로 '미지의 상수'다. 이처럼 '숫자 맞추기 게임'을 하면 빈 상자가 일반 상수와 미지의 상수라는 두 가지 측면을 지닌다는 사실을 아이들이 잘 이해할 수 있다. 나아가 두 명의 학생이 교대로 출제자가 되고 정답자가 되면 이해하는 데 한층 도움이 될 것이다.

빈 상자로 충분히 연습한 후에 이번에는 상자를 x라는 문자로 바꾼다. 그러면 초등학생이라도 어려움 없이 문자의 의미를 이해하고 그것을 자유자재로 사용할 수 있게 된다.

변수로서의 문자

문자는 일반적인 일반 상수와 미지의 상수라는 두 가지 의미를 지니고 있을뿐더러 나아가 제3의 의미도 있다. 그것은 움직이거나 변화하는 수, 즉 변수로서의 의미도 지닌다.

가령 x라는 문자는 1이 되기도 하고 0이 되기도 하고, 또 3이 되기도 하므로 변화하는 수다. 더욱 이해하기 쉽게 말하자면 x라는 문자는 숫자가 표시된 눈금 위를 자유롭게 돌아다니는 수다.

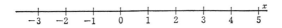

이렇듯 x가 마음껏 움직이며 변화하는 숫자라는 생각은 데카르트에서 비롯했다고 한다. 이런 생각은 수학뿐 아니라 수학과 밀접한 연관을 맺고 있는 천문학이나 물리학, 역학 등의 발전에도 영향을 끼쳤다.

중세까지 자연과학은 대개 변화하지 않은 부동의 대상을 연구했다. 하지만 르네상스에서 근대 초기에 이르기까지 움직이거나 변화하는 것도 연구하게 되었다. 지상에서 위로 던진 돌멩이는 어떤 궤적을 그리는가. 혹은 태양 주위를 도는 유성은 어떤 법칙에 따라

운동하는가. 이러한 새로운 문제가 연달아 제기되었기 때문이다. 부동과 정지에서 운동과 변화로 연구의 목표가 옮겨간 셈이다.

그것은 당연히 수학에도 영향을 끼쳤다. 던진 돌멩이의 높이를 나타내는 x는 하나의 정해진 숫자가 아니라 시시각각 변하는 수, 즉 변수여야만 한다. 이렇게 지금까지는 일반 상수, 혹은 미지의 상수였던 문자 x, y, ……가 변함에 따라 수학은 자연 안의 운동이나 변화를 파악할 수 있는 학문이 되었다. 그로 인해 수학은 그 전까지는 비교할 수 없을 정도로 넓고 깊은 학문이 되었다.

변수란 변하는 수다. 그렇다면 일반적으로 '사물이 변한다'는 것은 어떤 의미일까.

'봄에는 초록색이었던 잎이 가을이 되어 노란 잎으로 변했다'는 말이 있다. 이때 봄에서 가을이 되어도 변하지 않는 잎도 있을 것이다. 그러므로 실은 위의 문장에서는 같은 잎이 변한 것이다, 라고 말하는 것이 정확할 것이다. 즉 '변한다'는 말 뒤에는 변하지 않는 무언가가 존재한다.

이것은 수에도 적용된다.

'1이 2로 변했다.'

는 문장은 이상하다. 왜냐하면 1은 어디까지나 1이고, 2가 될 리는 없기 때문이다. 따라서 변하는 수를 제시하고 싶다면

'(   )가 1에서 2로 변했다.'

라고 써야 하며, 괄호(   )에 해당하는 무언가가 반드시 있어야 한다. 그때 주어 (   )에 해당하는 것이 x, y, ……등의 문자다. 이러한 문자를 사용하면 가령,

'x가 1에서 2로 변했다.'

라고 말할 수 있게 된다.

그러므로 변수를 인정하는 이상은 x, y, ……등의 문자를 사용하지 않을 수 없다

응용문제

다음으로 강조하고 싶은 것은, 위와 같은 계산이 일단 완성되면 그것을 사용하여 구체적인 문제를 풀어야 한다는 사실이다. 예전에는 응용문제라고 불렀지만 최근에는 문장제라고 부른다. 이것을 어떻게 활용해야 할까? 당연히 아이들에게 응용문제를 풀게해서 위와 같은 계산을 익히게 해야 한다.

하지만 여기에는 매우 귀찮은 문제가 있다. 응용문제를 만들 때 제한을 두지 않으면 너무 어려운 문제가 끝도 없이 나온다는 점이다. 초등학교의 덧셈, 뺄셈, 곱셈, 나눗셈만 넣고 제곱근과 같은 것은 나오지 않도록 제한을 둔다 하더라도 지나치게 어려운 문제가 나올 가능성이 크다.

그러나 지나치게 어려운 문제와 관련하여 좋은 예시가 있다. 이는 뉴턴이 쓴 대수의 교과서에 들어 있는 예로, 이 문제는 대수를 사용하지 않으면 일반적인 산수적 사고로는 도저히 풀 수 없다.

"어떤 상인이 매년 재산을 $\frac{1}{3}$ 만큼 늘린다. 그리고 생활비로 100파운드만 사용한다. 그렇게 3년 후에 재산은 2배가 되었다고 한다. 처음 재산은 얼마였는가."

이 문제는 머릿속에서만 답을 구하기에는 너무 어려운 응용문제다. 풀려고 애써도 쉽게 풀리지 않는다. 따라서 뉴턴은 대수라

는 수단이 필요하다고 설명한다. 뉴턴은 잘 알려진 대로 매우 뛰어난 학자였다. 그리고 학생용 대수 교과서도 집필했는데, 무척 훌륭한 저서다.

다시 문제로 돌아가서, 상인이 처음 가진 재산을 x파운드라고 하자. 1년 후에 생활비로 100파운드를 썼으므로 남은 $(x-100)$의 재산이 $\frac{1}{3}$만큼 늘어난다. 그러므로 결국 $\frac{4}{3}(x-100)$가 된다. 식으로 나타내면 다음과 같다.

$$(x-100)+\frac{1}{3}(x-100)=\frac{4}{3}(x-100)$$

2년이 지나면 여기에서 생활비로 $\frac{4}{3}(x-100)-100$만큼 줄어든다. 점점 이렇게 식을 써나가면 3년이 지나서 원래 재산의 2배가 되었다는 식이 된다. 중간을 생략하고 최종적인 식만 쓰면 다음과 같다.

$$\frac{4}{3}\left[\frac{4}{3}\left\{\frac{4}{3}(x-100)-100\right\}-100\right]=2x$$

이제 이 식을 풀기만 하면 된다. 식만 세우면 중학생 정도라면 얼마든지 풀 수 있다.

괄호를 차례로 없애고 x를 이항하여 동류항을 정리하면 간단하다. 분수의 분모를 없애도 된다. 그러나 머릿속으로 이 문제를 풀라고 하면 과연 아이들이 풀 수 있을까?

이 문제가 어려운 이유는 괄호가 많기 때문이다. 이것을 대수로 풀기 위해서는 괄호를 없애야 한다. 괄호를 푼다는 것은 대수로 말하면 분배법칙 $a(b\pm c)=ab\pm ac$이다.

분배법칙을 사용하여 괄호를 없애고 식을 모두 풀어 놓으면 양변의 x를 정리할 수 있다.

하지만 분배법칙은 초등학교 때는 가르치지 않는다. 분배법칙에 대해 초등학생에게 기대할 수 있는 것은, 자세히는 모르겠지만 어렴풋이 알 것 같다 정도다. 이 뉴턴의 문제에서 알 수 있듯이 대수를 사용한 식 중에서도 분배법칙을 사용해야만 하는 문제는 초등학생에게는 무리다. 이것이 대략적인 기준이 될 것이다.

쓰루카메잔

그렇다면 쓰루카메잔은 어떨까. 1935년부터 사용된 초록 표지 교과서에는 쓰루카메잔이 등장한다. 6학년 말에 이런 문제가 나온다.

"학과 거북이가 모두 합쳐 20마리 있다. 다리는 합하여 52개다. 학과 거북이는 각각 몇 마리인가."

이것은 전형적인 쓰루카메잔이다. 이것을 대수로 푼다면 거북이가 x마리, 학과 거북이를 합쳐서 20마리이므로 학은 $20-x$마리이다. 다리 개수는 거북이는 4개이므로 $4x$, 학은 2개이므로 식으로는 아래와 같다.

$$4x+2(20-x)=52$$

이제 이 식을 풀면 된다.

$$4x+2(20-x)=52$$
$$4x+40-2x=52$$
$$2x=52-40=12$$
$$x=6$$

거북이는 6마리, 학은 20에서 6을 빼면 14마리. 이런 답이 나온다.

이것은 대수로 하면 쉽게 답을 얻을 수 있다. 하지만 확실히 분배법칙을 사용한다. 나는 초등학교 응용문제에서는 대수의 방정식을 세웠을 때 분배법칙을 사용하여 풀어야 하는 문제는 내서는 안 된다고 생각한다. 대수 없이 문제를 푸는 것이 매우 곤란하기 때문이다. 정 문제를 내고 싶다면 분배법칙을 확실히 가르쳐야 한다. 그러나 초록 표지 교과서가 쓰루카메잔을 국정 교과서에 넣은 이후, 초등학생들은 분배법칙을 사용해야 하는 어려운 응용문제를 풀어야만 했다. 과거 후지사와 리키타로도 이렇게 어려운 응용문제는 초등학생에게 내서는 안 된다고 경고했다. 하지만 초록 표지 교과서는 그의 경고를 무시했다. 검정 표지 교과서에는 이런 응용문제는 들어 있지 않다. 제2차 세계대전 종전 후 이런 문제를 넣지 않은 시기도 있었지만, 점점 다시 넣게 되었고, 지금은 이런 문제가 수도 없이 많이 실려 있다. 이렇게 어려운 응용문제는 아이들에게 버겁다. 따라서 낙오자가 많이 나온다. 이런 문제를 풀면 두뇌 훈련이 된다는 구실을 붙여 시행하고 있지만, 사실 전혀 훈련이 되지 않는다.

수학을 잘하는 아이는 문제의 형태를 외운 후에 '이건 쓰루카메잔이군. 그러면 전부 학이라고 생각하면 돼' 하고 생각한다. 이렇게 정석을 외워서 문제를 푸는 셈이다. 하지만 이런 종류의 문제가 현실에서 나오느냐 하면 결코 그렇지 않다. 쓰루카메잔은 완전히 허구다. 학과 거북이가 각각 몇 마리인지 알 수 없고 합계만 안다니, 말이 되는가? 만약 학과 거북이가 마침 실제로 모여 있어서 몇 마리인지 세어본다고 치자. 학과 거북이는 전혀 다른 동물이므로 다리만 봐도 어떤 동물인지 금방 알 수 있다. 학의 다리와 거북이의 다리는 완전히 다르기 때문이다.

쓰루카메잔의 뿌리는 3세기경에 만들어진 중국의 수학서 『손자산경孫子算經』이라고 한다.

이 책 안에 이러한 문제가 있다.

"꿩과 토끼가 같은 바구니 안에 들어 있다. 머릿수는 35개, 다리 수는 94개다. 꿩과 토끼는 각각 몇 마리인가."

이것이 나중에 닭과 토끼로 바뀌었다. 그것이 일본에 들어왔고 결국 학과 거북이로 바뀐 것이다.

즉 쓰루카메잔은 1500년 전에 생겨났다는 이야기다. 이 오래된 문제가 20세기가 되었는데도 일본의 아이들마저 괴롭히는 셈이다. 앞서 나는 교육의 내용과 방법이 보수적이라고 말했는데, 쓰루카메잔이야말로 그 좋은 예다.

이렇게 오래된 문제를 아이들에게 가르치는 나라는 전 세계 어디에도 없다. 심지어 점점 더 어려워졌다. 그 이유 중 하나는 사립 중학교의 입학시험에 쓰루카메잔을 내는 곳이 많기 때문이다. 공립 초등학교에서 사립 중학교의 입학시험을 고려할 필요는 전혀 없다고 생각한다. 하지만 현실에서 일본의 공립 초등학교 교육은 사립 중학교 입학시험에 질질 끌려다닌다.

특히 문제집에는 엄청나게 어려운 문제가 나온다. 이런 것으로 고생할 바에는 차라리 대수를 일찍 배우는 것이 더 낫다. 방법만 잘 고르면 초등학생도 충분히 대수를 이해할 수 있다. 대수 없이 이런 응용문제를 푸는 습관을 들이면 중학교에 가서 힘들어진다. 방정식을 세워서 푸는 문제가 나와도, 방정식 없이 푸는 습관이 들었기에 방정식을 세워서 풀려고 하지 않는다. 따라서 초등학교에서 쓰루카메잔을 풀어본 아이는 그렇지 않은 아이보다 대수를 배우는 데 어려움을 겪는다. 아이들은 초등학교 때 쓰루카메잔이라든가 과부족산 때문에 매우 힘들어 한다. 그런데 중학교에 가서 대수를 배우니 너무 싱겁게 답이 나오는 경험을 한다. 심지어 왜 그런 짓을 시킨 거냐고 화내는 아이도 많다.

그러니 쓰루카메잔을 초등학교에서 가르치는 것은 어리석은 짓이다. 이런 나쁜 전통의 주범은 초록 표지 교과서다. 초록 표지가 복잡하게 얽히고설킨 응용문제를 아이들에게 풀게 하는 나쁜 전통을 만들었고, 그것이 아직도 아이들을 괴롭히고 있다.

그러나 아이들을 괴롭힌 이 '쓰루카메잔'도 x, y라는 두 개의 미지수를 사용하면 더 쉽게 풀 수 있다.

풀이　학을 x마리, 거북이를 y마리라고 하자. 이것을 방정식으로 적으면

$$\begin{cases} x+y=20 \\ 2x+4y=52 \end{cases}$$

이 된다. 이 식을 보면 푸는 법은 저절로 알게 된다.

그것은 두 개 있는 x, y 중 하나를 없애면 된다. 우선 학의 수 x를 없애보자.

그러기 위해서 위의 식에 2를 곱한다.

$$2x+2y=40$$

이것을 아래의 식에서 **뺀다**.

$$
\begin{array}{r}
2x+4y=52 \\
-)\ \underline{2x+2y=40} \\
2y=12
\end{array}
$$

220

$$y=12 \div 2=6$$

그리고

$$x=20-6=14$$

<u>**답**   학은 14마리, 거북이는 6마리</u>

가 된다.

이처럼 미지수가 두 개 있고 식이 두 개 있는 방정식을 이원연립방정식이라고 하는데, 이 방정식을 풀 수 있게 되면 초등학교의 거의 모든 어려운 응용문제를 풀 수 있다.

그렇다면 이 이원연립방정식을 어떻게 익히면 좋을까.

예를 하나 들어보자.

비닐봉지를 두 개 준비하여, 한쪽 봉지에 밥공기 2개와 컵 3개를 넣고, 또 한 개의 봉지에 밥공기 5개와 컵 4개를 넣고 양쪽 모

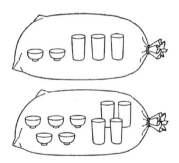

두 입구를 묶는다.

그리고 두 비닐봉지를 학생들이 보는 앞에서 저울에 단다. 그러자 한쪽이 950g, 한쪽이 1780g이었다고 치자. 그것을 아이들에게 충분히 보인 후에,

"이 봉지 끈을 풀지 말고 밥공기 1개와 컵 1개의 무게를 구하라."

는 문제를 낸다.

이것은 대수를 배운 사람이라면 밥공기 1개가 xg, 컵 1개가 yg 라고 할 때, 다음과 같은 이원 연립방정식이 성립한다는 것을 금 방 알 수 있다. 물론 비닐봉지의 무게는 0으로 간주한다.

$$\begin{cases} 2x+3y=950 \\ 5x+4y=1780 \end{cases}$$

그러나 학생들은 아직 대수의 개념을 잘 알지 못하므로 실물을 이용하는 수밖에 없다.

그러므로 학생들이 이 문제를 해결하기 위해 고민하는 과정에 서 이원연립방정식의 실마리를 발견하도록 유도할 수 있다.

물론 단숨에 이 방정식을 풀기는 어려울 것이다. 그러기 위해서 는 우선 알아두어야 할 것이 있다. 바로 한쪽의 미지수를 없애는 것이다.

가령 밥공기를 없애기 위해서는 두 개의 식에 들어 있는

$$2x + \cdots\cdots$$

$$5x + \cdots\cdots$$

에 주목하여, 이 둘을 같게 만들기 위해 위를 5배, 아래를 2배 하여

$$10x + \cdots\cdots$$

$$10x + \cdots\cdots$$

로 만든 후 빼기를 하면 된다는 사실을 아이들이 깨닫게 하면 된다.

즉

(1) 두 개의 식을 뺄셈한다.

(2) 식의 왼쪽과 오른쪽에 같은 수를 곱한다.

이 두 가지만 알면 된다.

우선 아이들에게 (1)을 깨닫게 하려면

아래 식처럼 처음부터 x에 같은 수가 들어 있는 경우를 상상하게 한다. 물론 y는 다른 수다.

$$\begin{cases} 3x+5y=\cdots\cdots \\ 3x+2y=\cdots\cdots \end{cases}$$

그러면 뺄셈을 해야 한다는 사실을 깨닫게 될 것이다.

다음은 한쪽 식을 몇 배 하여 다른 것과 같게 하는 경우다. 예를 하나 들어보자.

$$\begin{cases} 2x+4y=\cdots\cdots \\ 6x+5y=\cdots\cdots \end{cases}$$

위의 식을 3배 하면

$$\begin{cases} 6x+12y=\cdots\cdots \\ 6x+5y=\cdots\cdots \end{cases}$$

가 되어 빼면 x를 없앨 수 있다.

지금 $2x+4y=\cdots\cdots$라는 식을 3배 하여 $6x+12y=\cdots\cdots$가 나온다고 했는데, 이것을 설명하기 위해서는 같은 봉지를 3개 겹치게 놓으면 된다.

즉 (2)의 좌변과 우변에 같은 수를 곱한다는 것을 아이들에게 설명한다. 여기서 왼쪽만 3배 한 후 오른쪽도 3배 하는 것을 잊어버리지 않도록 조심해야 한다. 같은 봉투를 왼쪽에 3개 겹쳤다면, 오른쪽의 무게도 3배가 된다는 점을 주의시킨다.

그다음은 처음 문제, 밥공기와 컵 문제로 돌아가보자.

$$\begin{cases} 2x + \cdots\cdots \\ 5x + \cdots\cdots \end{cases}$$

위 식의 경우 x를 없애기 위해 양쪽을 각각 몇 배 하면 x가 같아지는지 아이에게 생각하게 하자.

위의 식에 양변 모두 5배 하고, 아래 식은 2배 하여 위 식에서 아래 식을 뺀다.

위의 식에 5배 하는 것은 밥공기 2개가 든 봉투를 5개 겹치는 것과 같다. 아래 식을 2배 하는 것은 밥공기 5개가 든 봉투를 2개 겹치는 것이다.

이렇게 양쪽 모두 밥공기 개수가 10개씩 맞춰지면 위의 식에서 아래의 식을 빼는 것은 밥공기 10개와 함께 밥공기 10개분의 중량을 빼는 셈이 된다. 남는 것은 컵의 수와 컵의 중량뿐인 것이다.

연립방정식도 위와 같은 단계를 차근차근 생각하게 하면 아이들 스스로 해법을 발견할 것이다.

비닐봉지를 사용하여 일일이 무게를 재는 것이 귀찮다면 x, y 대신 빈 상자, 가령 캐러멜 상자 같은 것을 사용해도 좋다.

위 문제에서 가령 x를 빨간 상자, y를 흰 상자라고 하면

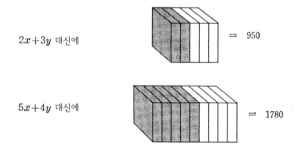

$2x + 3y$ 대신에　　　　　　　　　= 950

$5x + 4y$ 대신에　　　　　　　　　= 1780

그림과 같이 만들어 그것이 950, 1780이라고 가르쳐준 후, 상자 안에 무엇이 들어 있는지를 맞추게 하는 방법도 좋다.

기능으로서의 함수

함수는 17세기 말에 라이프니츠가 만든 말이다. 영어로는 function이다. 일본어로는 '関数'라고 쓰지만 진짜 의미는 '기능'이다. '관계関하는 수数'보다 '기능'이라는 의미가 실제로 더 이해하기 쉽다. 라이프니츠는 처음에 기능이라는 의미로 함수를 고안했다.

낙체의 법칙

예를 들어보자. 이것은 물체를 지구 상에서 떨어뜨렸을 때 몇 초간 떨어뜨리면 얼마의 거리만큼 낙하하는가, 즉 낙하의 시간으로 낙하의 거리를 계산해내는 법칙이다. 거리를 sm라고 하고, 낙하 시간을 t초라고 하면 $s=4.9t^2$이라는 법칙으로 계산할 수 있다.

1초 후의 낙하거리는 t 대신 1을 넣어 계산하므로, 낙하의 거리 $s=4.9 \times (1)^2 = 4.9$m가 나온다. 2초 후에는 t에 2를 대입하면 $s=4.9 \times (2)^2 = 4.9 \times 4 = 19.6$m가 나온다. 이것은 전형적인 함수의 예다. 가령 낙하의 시간이 잘 알려진 원인이고, 거리가 아직 알려지지 않은 결과라고 한다면, 이것은 원인에서 결과를 도출해내는 법칙이다. 이러한 법칙을 인과법칙이라고 한다. 원인은 1초, 2초라는 시간의 양으로 나타내고, 결과도 몇 m라는 길이의 양으로 나타낼 수 있다.

양적 인과법칙

양으로 나타내는 원인에서 양으로 나타낸 결과를 도출한다. 이런 것을 양적 인과법칙이라고 부르기로 한다. 또한 그것을 수학적으로 나타내면 함수라고 부르기로 하자. 이 경우에는 $4.9 \times (\ \ )^2$, 괄호 안으로 시간이 들어가고, 시간을 2승 하여 4.9를 곱하면 그 결과가 s가 된다. $4.9 \times (\ \ )^2$는 계산 법칙과 같다. 이 법칙을 알고 있으면, 낙하의 시간만 알면 물체가 얼마큼 떨어졌는지 알 수 있다. 여기에서

$$4.9 \times (\ \ )^2$$

의 부분을 함수라고 부른다. 이 함수에는 아직 t는 들어오지 않았다.

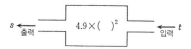

이것을 다음과 같이 생각할 수 있다. 그림처럼 t가 들어오고, s가 되어 나오는 부분을 함수라고 부른다.

이런 형태이기 때문에, 이해하기 쉽게 말하자면 함수는 자동판매기다. 자동판매기는 어디에든 있으므로 아이들이 이해하기 쉬울 것이다. 자동판매기는 기계 안에 돈을 넣으면 자동으로 원하는 물건이 나온다. 30엔짜리 표를 사고 싶으면 10엔짜리를 3개 넣으면 표가 나온다. 그것도 일종의 함수다. 들어오는 것을 입력, 나가는 것을 출력이라고 부른다. 표가 나오는 자동판매기에서 입력은 돈이고 출력은 표다. 주서juicer도 어떤 의미에서는 같다. 과일

과 전기를 넣어서 주스라는 기계를 사용하면 주스가 나온다. 입력은 전기와 과일, 출력은 주스다.

이런 것을 두고 공학자는 '블랙박스black box'라고 부른다. 검은 상자라는 뜻인데 왜 '검은 상자'인가 하면 속에 든 '장치'는 몰라도 되기 때문이다. 그저 손님은 이러이러한 것을 넣으면 이러이러한 것이 나온다는 사실만 알면 되기 때문이다. 물론 장치의 원리도 이해하면 좋겠지만, 몰라도 문제없다. 자동판매기 속 장치의 원리는 보통 사람은 잘 몰라도 되지만 고장 나면 곤란하므로 관리인은 알아두어야 한다.

하지만 '무엇'이 나오는지 몰라서는 안 된다. 오미쿠지おみくじ(일본의 절이나 신사 등에서 길흉을 점치기 위해 뽑는 제비-역자 주)는 돈을 넣어도 어떤 점괘가 나올지 알 수 없으니 블랙박스라 할 수 없다.

양적 인과법칙을 나타내기 위해서 라이프니츠는 수학에 함수라는 개념을 처음 도입했다. 그 후 함수는 수학에서 매우 중요한 연구 과제로 자리 잡았다. 당시 자연과학의 큰 과제는 자연 현상 속에 있는 양적 인과법칙을 밝히는 것이었다. 어떤 원인이 있다면, 어떤 결과가 나온다는 것을 알아야 했다. 그것은 수학 입장에서는 아직 알지 못하는 함수를 확실히 밝혀내는 것이리라. 이것을 '미지未知의 함수를 연구하여 기지既知의 함수로 바꾼다'고 표현하는 경우가 많다.

이렇게 블랙박스, 즉 자동판매기 같은 것부터 가르치면 초등학생이라도 함수의 개념을 금방 이해할 것이다. 지금까지 함수는 좀처럼 이해하기 힘든 것이었다. 이렇게 가르치지 않았기 때문이다.

기호

함수는 function의 머리글자를 따서 $f(\ )$라고 쓴다. 괄호 안에 x가 들어가면 $y=f(x)$가 나온다. 그러므로 함수를 통해 밝혀내고자 하는 결과는 정확히 쓰자면

$$f(\ )$$

이다. 지금까지는 $f(x)$를 함수라고 생각해왔다. 하지만 $f(x)$는 안에 넣어서 나온 것, 출력된 결과이지 장치 그 자체는 아니다. 그러므로 $f(x)$가 함수라는 말은 곰곰이 생각하면 이상한 것이다.

앞에서 예로 든 낙체의 법칙으로 말하면 $4.9(\ )^2$이라는 계산법칙을 f라고 하며, 이때 $f(\ )$를 함수라고 부른다. 이 괄호로 나타낸 빈방은 텅 빈 그릇이다. 입력으로서 t를 넣거나 때에 따라 x를 넣기도 한다.

x를 입력하여 나온 출력이 $f(x)$인데, 이 $f(x)$를 한데 묶어서 y라고 하자. y의 내용이 $f(x)$이므로,

$$y=f(x)$$

라고 쓴다.

$f(\ )$와 x를 붙여서 생각해서는 안 된다. 둘은 떼어놓고 이해해야 한다. 자동판매기로 말하자면 x는 입력한 돈, $f(\ )$는 자동판매기의 장치, $f(x)$는 출력된 표에 해당한다. 돈이 들어가고 표가 나오기는 하지만 돈과 표, 그리고 자동판매기는 일단 별개의 물건이다.

정비례

함수로 생각할 수 있는 개념은 꽤 저학년부터 나온다. 그중 가장 전형적인 함수는 정비례다. 예를 들면,

"am의 천이 있다. 가격은 b엔이다. 그것이 cm 있다면 몇 엔인가" 하는 문제다. 천의 길이와 가격은 비례한다. 천이 2배가 되면 가격도 2배가 되고 3배가 되면 3배가 된다. 그런 관계에 놓여 있기 때문이다. 답을 적어 보면 $y=ax$라고 쓸 수 있으며 이는 함수 관계라고 해도 좋다. 하지만 함수라고 가르치지 않았으므로 기존의 지도 방법이 부적절했다고 볼 수 있다.

x는 결과적으로는 b와 c를 곱하여 a로 나눈 것이다. 즉 $x=\dfrac{bc}{a}$ 가 된다. 대수로 풀면 한 번 만에 나오지만 산수로 생각할 때는 차근차근 풀어나가야 한다.

여기에서 $\dfrac{bc}{a}$는 3가지 풀이 방법이 있다.

$$\frac{bc}{a} = \begin{cases} (bc) \div a \\ b \times \dfrac{c}{a} \\ \dfrac{b}{a} \times c \end{cases}$$

이처럼 딱 세 종류의 표현방식이 있다.

$(bc) \div a$는 삼수법三數法이라고 한다. 삼수법이란 세 가지 수를 통해 제4의 수를 도출해내기 때문에 그렇게 부른다.

$b \times \dfrac{c}{a}$ 는 배비례倍比例라고 한다.

$\dfrac{b}{a} \times c$는 귀일법歸一法이라고 한다.

이중 무엇이 가장 아이들이 이해하기 쉽고 발전성이 있을까? 바로 귀일법이다. 그러나 일본의 과거 국정 교과서를 통한 산수

교육에서는 삼수법이나 배비례만 다루고, 귀일법을 전혀 가르치지 않았다.

첫째, 삼수법에서 풀이 방법을 세우는 과정은 다음과 같다. 우선 am가 b엔일 때 cm이면 얼마냐는 문제에서 $a:c=b:x$라는 비례식을 만든다. 길이의 비가 가격의 비와 같다고 정한 것이다. 그리고 계산할 때, 내항의 곱과 외항의 곱은 같다고 가르치며 $ax=bc$라는 식을 세우게 한다. 이것은 대수다. 양변을 a로 나누면 $x=\dfrac{bc}{a}$ 이다. 삼수법은 바로 이런 방법을 사용한다.

삼수법은 영어로 '룰 오브 스리rule of three'라는 이름이 예전부터 있었을 정도로, 중세 유럽에서도 쓰였다. 특히 상인 교육에 이용되었다. 가령 포목점의 주인이 이런 문제를 풀지 못하면 곤란할 테니 말이다. 당시 상인들은 삼수법으로 계산하면 정답이 나온다는 사실만 인식했다. 이유는 모르지만 통째로 암기하여 계산했다. $a:c=b:x$라는 식을 세우는 것도, 내항의 곱과 외항의 곱이 왜 같은가 하는 것도 실은 깊이 들어가면 어렵다. 당연히 공식대로만 하면 답이 나오므로 이유는 알려고 들지 않고 $x=\dfrac{bc}{a}$ 만을 외워서 값을 계산했다.

철학자 스피노자가 인간이 무언가를 통째로 암기하는 것을 앵무새가 말을 배우는 것과 같다고 말하며, 이 삼수법을 예로 들었을 정도다.

다만 삼수법에는 장점이 하나 있다. 삼수법을 할 때는 곱셈 1번, 나눗셈 1번을 하는데 이때 곱셈을 먼저 하고 나중에 나눗셈을 한다는 점에서 훌륭하다. 정수는 곱할 때 끝수가 나오지 않는다. 하지만 나눌 때는 나온다. 나눗셈을 먼저 하면 처음부터 끝수가 나온다. 우선 곱하고 다음에 나누는 삼수법 계산은 그런 점에서 뛰어나다.

둘째, 배비례는 다음과 같이 풀이한다. am의 천이 b엔일 때 그 것이 cm로 바뀌는 것이다. 바로 $\frac{c}{a}$배다. 이처럼 배로 가져오는 것이므로 당연히 분수배를 생각해야 한다. 길이가 $\frac{c}{a}$배가 되면 금액도 $\frac{c}{a}$배가 되므로, 금액에 $\frac{c}{a}$를 곱하는 것이다. 이 방법을 배비례라고 한다. 그럴듯해 보이지만 배비례는 '배'라는 말의 의미를 부당하게 확장하고 있기에 금방 이해하기는 어렵다. $\frac{2}{3}$배 같은 것은 보통 사용하지 않기 때문에 아무래도 억지스러운 느낌이 있다. 즉 배비례는 배라는 말을 일반적인 상식과는 다르게 확장해 놓고 말로 얼렁뚱땅 얼버무린 셈이다. 그러므로 배비례도 어린아이는 쉽게 이해하기 힘들다.

일본에서는 1905년 무렵에 나온 국정 교과서인 검정 표지가 초록 표지로 바뀌는 동안 삼수법과 배비례가 사용되었다. 삼수법을 도입했다가 중간에 다시 배비례로 바꾸는 식이었다. 삼수법과 배비례를 교대로 다뤘으나 결국 귀일법은 나오지 않았다. 왜 삼수법과 배비례를 교대로 실었을까? 바로 이 둘 중 하나를 사용했더니 아이들이 잘 이해하지 못했기 때문이다. 그러면 다른 것으로 바꾸고 또 결과가 좋지 않으면 원래 것으로 돌아가곤 했다. 그러므로 당시에는 비례를 좀처럼 이해하지 못하는 아이가 많았다. 비례에서는 귀일법이 훨씬 이해하기 쉽다. 양에서도 말했다시피 1개당 수치를 먼저 내기 때문이다. 1m당 얼마인지를 구하기 위해서는 am가 b엔이므로 1m는 $\frac{b}{a}$, 1m가 이만큼이므로 cm라면 c를 곱한다. 이렇듯 1개당 계산으로 한 번 돌아오므로 귀일법이라고 한다. 이와 같은 방법은 제1장(50페이지)에서 말한 밀도의 제1 용법과 제2 용법을 두 개로 묶은 것이다. 그러므로 정비례는 삼수법과 배비례는 그만두고 귀일법으로 가르쳐야 한다.

함수로서의 정비례

정비례란 $y=ax$라는 매우 간단한 함수다. 입력하는 쪽인 x를 2배 하면 출력도 그것과 나란히 2배가 된다. 입력을 3배로 하면 출력도 3배가 된다. 이러한 관계에 있는 것이 정비례다. 정비례란 특별한 함수로, 매우 중요하다. 미분이 실은 정비례의 사고를 확장한 것이기 때문이다.

함수로서의 정비례를 아이들에게 쉽게 이해시키려면 정비례의 명확한 모델을 보여주는 것이 좋다.

그래서 고안한 것이 오른쪽 그림과 같은 수조이다. 그림과 같은 세로로 긴 수조를 만들고 수직으로 칸막이를 넣어서 두 개의 방으로 나눈다. 다만 그 칸막이에는 물이 통과할 수 있도록 구멍을 뚫어 둔다. 그러므로 물을 넣었을 때 두 개의 방에 들어 있는 물은 언제나 같은 높이의 수면을 유지한다.

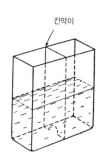

칸막이

가령 오른쪽 방에 들어 있는 물의 양을 $x$cc라고 하고 왼쪽 방의 물의 양을 $y$cc라고 하자. 여기에서 x를 증감하면 y도 변한다. 이때 x를 2배 하면 y도 2배가 되고, x를 3배 하면 y도 3배가 된다.

x의 양이 1일 때의 y의 양을 a라고 하면 x가 1에서 2배인 2가 되면 y는 $2a$가 된다.

x	y
1	a
2	$2a$
3	$3a$
⋮	⋮

x가 3이 되면 y는 $3a$가 된다.

그러므로 일반적으로는

$$y=ax$$

라는 식으로 나타낸다는 사실을 알 수 있다.

이처럼 수조를 떠올리며 x와 y가 늘어나거나 줄어들며 변화하는 광경을 떠올리는 것이 정비례 함수를 이해하는 실마리가 된다.

사상

이처럼 함수란 자연현상 속에 많이 등장한다. 당연히 이과와도 매우 밀접한 관계가 있다. 가령 힘과 용수철의 늘어나는 정도는 정비례한다. 이것도 함수관계다. 이러한 양적 인과법칙을 수학적 입장에서 나타내려 한 사고에서 출발한 것이 바로 함수다.

그러나 요즘 가르치는 함수는 이것과 약간 달라졌다. 기존의 개념이 아닌 '입력 집합의 출력 집합에 대한 대응'이라는 식으로 가르친다. 이것은 함수의 개념으로서는 다음 단계의 함수라고 할 수 있다. 라이프니츠식의 사고에서는 입력 집합과 출력 집합을 확실히 집합이라고는 생각하지 않았다. 그러나 새로운 함수의 정의에서는 입력과 출력의 집합을 확실히 집합으로 생각하고 있다. 이는 어떤 의미에서는 진보라고 볼 수 있다. 그러나 이런 사고방식은 오히려 곤란을 초래하는 경우가 많다.

용수철이 늘어나는 경우 힘에 대해 늘어나는 정도가 비례하는 것을 혹Robert Hooke의 탄성의 법칙이라 한다. 이것도 함수의 일종이지만, 힘을 한없이 크게 키웠을 때 이 법칙은 성립하지 않는다. 용수철이 늘어난다고 해도 한도가 있기 때문이다. 그렇게 되면 힘의 범위, 즉 입력의 범위가 무한일 수 없다. 하지만 이런 사실을 처음부터 알고 있느냐 하면 알지 못하는 경우가 많다. 그러므로 x의 범위를 처음부터 까다롭게 정하려고 들면 매우 어려워진다. 자연계에 있는 현상이란 대부분 그렇다. 일정 한계 내에서 성립하는 것이지 무제한으로는 성립하지 않는다. 그 한계는 처음에는 알 수 없는 경우가 많다. 하지만 입력 집합의 출력 집합에 대한 대응이라는 정의를 내리려면 처음부터 범위를 정해야만 한다. 하지만 이 부분은 너무 까다롭게 굴지 않는 편이 좋을 것 같다.

또 하나는 입력의 변화하는 범위, 즉 x의 범위다. 이것을 정의역이라고 하는데, 수학이라는 학문이 진보함에 따라 정의역은 점점 넓어지고 있다. 처음에 정해두면 영원히 바뀌지 않는 개념이 아니다. 그러므로 아이들에게 한번 정하면 나중에도 절대 변하지 않는다고 가르치면 곤란하다.

예를 들어보자. 2^n, 이것은 지수함수다. 처음에는 $n=\{1,\ 2,\ 3,\ \cdots\cdots\}$라는 양의 정수로 한정한다. 2^2란 2를 두 번 곱한다는 뜻이고, 3승은 세 번 곱한다는 뜻이다. 앞서 한정한 정의역은 {1, 2, 3, ……}이었다. 하지만 점점 학문이 발전함에 따라 n은 0이라도 괜찮아졌다. $2^0=1$이다. 2^{-1}은 $\frac{1}{2}$ 이다. 정의역이 0이나 음의 정수까지 확장할 수 있게 되었다. 여기에서 멈추지 않고 더 발전하여 분수라도 괜찮아졌다. 가령 $2^{1/2}$은 제곱근이다. $2^{1/2}=\sqrt{2}$. 처음에는 정수뿐이었지만 그 안에 분수도 좋다, 소수도 좋다, 혹은 무리수라도 좋다, 나아가 나중에는 허수라도 좋다는 식이 되었다. 이처럼 수학을 발전적으로 받아들인다는 점에서 처음부터 정의역을 한정해버리는 것은 오히려 걸림돌이 된다. 그러니 아이들에게 가르칠 때 그 부분을 강조하지 말고 함수란 블랙박스와 같다고 이해시키는 것부터 시작하도록 하자.

자연과학을 배우다 보면 다양한 종류의 함수가 많이 등장한다. 함수가 중요한 이유는 수학의 범위 안에서뿐 아니라, 이것이 자연과학 전체의 중요한 무기가 되기 때문이다. 최근에는 사회과학에도 나온다. 계량경제학에도 함수가 많이 나온다.

가령 사회과학에서는 함수와 정확히 일치하기보다는, 거의 함수에 가까운 형태로 나온다. 예를 들어 A라는 도시와 B라는 도시 사이에 길이 있다고 가정하자. A에서 B, B에서 A로 가는 교통량은 얼마인가를 구할 때 규칙이 있다고 한다. 바로 교통량은 A의 인구와 B의 인구를 곱한 수와 비례하며, A와 B의 거리의 2승에 반비례한다는 규칙이다. 인구가 많으면 분명 교통량도 많다. 교통량은 인구에 비례한다. 거리가 멀어지면 교통량은 적어진다. 너무 먼 곳까지는 물건을 잘 옮기려 하지 않는다. 그러므로 거리의 2승에 반비례한다. 이 규칙은 만유인력의 법칙과 매우 비슷하다.

두 개의 질량 간에 작용하는 규칙은 질량의 곱에 비례하며 거리의 2승에 반비례한다. 만유인력의 법칙은 매우 정확한 법칙이다. 방금 든 예는 꽤 막연한 규칙이지만 약간 만유인력의 법칙에 가깝다.

사회과학 안에도 이러한 법칙이 많이 있을 것이다. 최근 도시 문제가 발생하면서 다양한 연구를 하여 새로운 법칙이 나오고 있다고 한다. 이처럼 현실에서도 양으로, 양에서 수로 나아간다. 결국 그 법칙은 함수의 형태를 취하는 경우가 많다.

함수는 현대 수학의 매우 중요한 연구 과제다. 그러므로 일찍이 초등학교에서 함수를 가르쳐야 한다. 그것도 앞서 내가 말한 것처럼 처음에 양적 인과법칙을 이해시키려는 목적으로 진행해야 한다. '입력 집합의 출력 집합에 대한 대응'이라는 함수의 현대적인 정의는 나중에 가르쳐도 된다. 처음부터 가르치면 오히려 아이들이 함수를 이해하지 못할 우려가 있다. 함수를 가르칠 때는 블랙박스를 이용하는 것이 가장 좋다.

함수와 그래프

$y=f(x)$라는 함수의 성격을 눈앞에서 펼쳐놓듯 선명하게 나타낸 것이 그래프이다. 그래프는 바로 데카르트의 위대한 발명이다.

함수는 단순히 '양의 양에 대한 대응'을 의미하므로, 그 점에서 만큼은 도형과는 상관없다. 그것을 도형으로 표현한 데에 데카르트의 독창성이 있다.

$y=f(x)$가 복잡하면 그 함수의 그래프가 나타내는 도형도 역시 복잡해지는 경향이 있다.

$f(x)$가 1차식 $y=ax+b$라면 그래프는 직선을 그리고, $f(x)$가 2차식 $y=ax^2+bx+c$라면 그래프는 포물선이 된다.

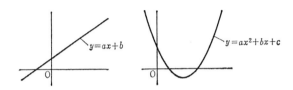

이처럼 $f(x)$가 3차, 4차, ……로 차수가 점점 높아짐에 따라 그래프도 복잡해진다.

데카르트는 함수와 식의 세계, 그리고 그래프라는 도형의 세계를 연결 지었다. 심지어 이것은 일방통행이 아니다. 반대로 도형을 함수나 식으로 나타내는 길도 연 셈이다.

그 덕분에 포물선이라는 도형의 연구에 $y=f(x)=ax^2+bx+c$라는 함수를 이용할 수 있게 되었다. 이렇게 유클리드의 고전적 기하학과는 전혀 성격이 다른 해석기하학이 탄생한 것이다. 고전적 기하학에서 주로 직선과 원을 연구할 수밖에 없었던 과거와 비교하면, 해석기하학은 훨씬 복잡한 고급 도형을 연구할 수 있는 길을 열어준 셈이다.

더 자세히 공부하고 싶은 분을 위해

지면 관계상, 이 책에서는 대략적인 전망에 중점을 두고 설명하였다. 따라서 아쉽게도 실제로 아이들을 가르칠 때 부딪히는 세세한 부분까지 파고들 수는 없었다. 그러므로 산수 교육 방법을 심도 있게 공부하고 싶은 분들에게는 더욱 상세하게 설명한 책이 필요할 것이다. 그런 분들을 위해 책을 몇 권 소개하도록 하겠다.

●『이해하는 산수わかるさんすう』1~6 (무기쇼보むぎ書房, 도야마 히라쿠 저)

이 책에서 풀어놓은 사고방식에 근거한 초등학생을 위한 교과서다. 교과서라고는 해도 문부성의 검정을 통과하지 않았으므로 '비非검정 교과서'라 해야 할 것이다. 그러므로 검정교과서처럼 무료는 아니다.

●『수도방식입문水道方式入門』상·하 (고쿠도샤国土社, 도야마 히라쿠, 긴바야시 고 편저)

수도방식의 계산연습 계통과 그 구체적인 교수법을 자세히 설명한 책이다.

상권은 정수, 하권은 분수·소수를 다뤘다.

● 『수도방식의 계산체계水道方式の計算体系』(메이지토쇼明治図書, 도야마 히라쿠, 긴바야시 고 저)
『수도방식입문』에 비하여 수도방식을 더욱 이론적으로 설명한 책이다.

● 『대수의 첫 걸음代数の第一歩』 1, 2 (미스즈쇼보みすず書房, Walter Warwick Sawyer 저)
초등학생 때부터 대수를 가르치기 위해서는 어떻게 해야 하는지 자세히 기술한 책이다.

● 『함수를 생각하다関数を考える』(이와나미서점, 도야마 히라쿠 저)
중학생에게 함수를 가르치기 위해서는 어떻게 해야 할지를 중점적으로 다룬 책이다. 대화 형식을 취하고 있다(국내 발매 : '함수란 무엇인가', 솔빛길-역자 주).

● 『수학입문数学入門』 상·하 (이와나미 신서, 도야마 히라쿠 저)
수학을 가르치는 방법을 다루지는 않았지만 수학의 첫걸음부터 미분·적분까지 대략적으로 해설한 책이다.

● 『무한과 연속無限と連続』(이와나미 신서, 도야마 히라쿠 저)
집합, 군, 위상, 비 유클리드 기하학 등을 다룬 책이다.

●『현대수학대화現代数学対話』(이와나미 신서, 도야마 히라쿠 저)

　주로 현대 수학의 사고방식을 대화체로 기술한 책이다.

나아가 수학 교육에 대한 월간지로는

●「수학교실数学教室」(고쿠도샤)

이 있다.

역자 후기

　이 책의 마지막 장을 덮자 머릿속에서 열을 맞추어 쓰러지던 도미노의 마지막 패가 시원스레 넘어졌다. 그 순간, 지금껏 '평면'이던 수학이 순식간에 '입체'로 바뀌며 파노라마처럼 펼쳐졌다. 바로 이 쾌감이 어두컴컴한 수학의 세계를 밝히는 한 줄기 빛이리라. 새하얀 스펀지와도 같은 아이에게 어둠을 드리울 것인가, 아니면 빛을 비출 것인가. 선택은 우리 어른의 몫이다.

　어린아이가 있는 집에 가보면 하나같이 숫자가 쓰인 커다란 학습벽보가 붙어 있다. 이렇듯 어린아이에게 수를 가르쳐야 하는 상황이 닥치면 우리는 일단 1, 2, 3, 4……부터 들이댄다. 하지만 필자는 수학을 가르칠 때 '수'가 아닌 '양'을 먼저 가르쳐야 한다고 주장한다. 실제로 나는 이 책을 번역하면서 '양'이라는 개념을 체계적으로 알게 되었다. 지금껏 배운 적 없는 세계였다. 앞서 도미노 예를 든 이유도 이 책에 등장하는 '양'이라는 개념을 통해 내가 이미 알고 있던 수학의 세계가 완전히 탈바꿈했기 때문이다.

　우리나라 아이들에게 수학은 때로 무거운 짐이다. 하지만 이 책을 읽고 나면 수학은 높은 점수를 얻기 위해 고통을 감수하며 차고 다녀야 하는 족쇄가 아니라는 사실을 깨닫게 된다. 당연하지만 수학은 논리적인 체계를 갖춘 학문이다. 수학의 세계에는 굳게 잠

긴 문이 도미노처럼 끝도 없이 이어진다. 하지만 스스로 자물쇠를 열었을 때의 기쁨은 그 무엇과도 견줄 수 없다. 그 기쁨을 맛본 아이는 분명 다음 문을 열어보려 할 것이다. 우리가 아이에게 주어야 할 것은 '지식' 그 자체가 아니라 이런 '앎의 기쁨'이 아닐까? 아무쪼록 이 책을 읽는 분들도 내가 받은 선물을 받기를 바란다.

2016년 8월 20일
옮긴이 박미정

수학 공부법

초판 1쇄 인쇄 2016년 9월 20일
초판 1쇄 발행 2016년 9월 25일

저자 : 도야마 히라쿠
번역 : 박미정

펴낸이 : 이동섭
편집 : 이민규, 김진영
디자인 : 이은영, 이경진, 백승주
영업 · 마케팅 : 송정환, 안진우
e-BOOK : 홍인표, 이문영, 김효연
관리 : 이윤미

㈜에이케이커뮤니케이션즈
등록 1996년 7월 9일(제302-1996-00026호)
주소 : 04002 서울 마포구 동교로 17안길 28, 2층
TEL : 02-702-7963~5   FAX : 02-702-7988
http://www.amusementkorea.co.kr

ISBN 979-11-274-0155-9 04410
ISBN 979-11-7024-600-8 04080

SUGAKU NO MANABIKATA OSHIEKATA
by Hiraku Toyama
ⓒ1979 by Yuriko Toyama
First published 1972 by Iwanami Shoten, Publishers, Tokyo.
This Korean edition published 2016
by AK Communications, Inc., Seoul
by arrangement with the proprietor c/o Iwanami Shoten, Publishers, Tokyo

이 도서의 국립중앙도서관 출판예정도서목록(CIP)은 서지정보유통지원시스템
홈페이지(http://seoji.nl.go.kr)와 국가자료공동목록시스템(http://www.nl.go.kr/kolisnet)에서
이용하실 수 있습니다. (CIP제어번호: CIP2016020424)

*잘못된 책은 구입한 곳에서 무료로 바꿔드립니다.